BAMBOO WORLD
竹資源の植物誌

Uchimura Etsuzo
内村 悦三

創森社

はじめに

　わが国には「事始め」という言葉があるが、それはとりもなおさず「1年の計は元旦にあり」という言葉に置き換えることができる。なぜ、元日ではなくて元旦なのかといえば、元旦には元日の朝という意味が含まれていて、そのスタートは早朝にあるからである。

　かつてはどこの家庭でも正月の慶事の飾り物として元旦には玄関や床の間に松・竹・梅の三植物を配置するだけでなく、それを熟視するだけでも新年という新たな心構えができるとして欠かすことのできないものとなっていた。それらはまた、日本の伝統文化として室町時代から年頭には日々若々しくて健康であること、素直で清楚なこと、華やかな1年が過ごせるようにとの願いを各家庭で祈念する習慣が伝わっていたから、その意味に適した植物がこの3種に他ならなかったのである。

　これらの植物は高等植物の分類上、常緑のマツは裸子植物の代表として、またタケは被子植物の中の単子葉植物の代表として、そして被子植物の中の双子葉植物の代表としてウメが選ばれたのだともいわれているが、それは後年に分類学が進歩してから誰かがいい具合にそれぞれの区分にこれらの種が対応していることに気づいたからだったのではなかろうか。というのも、その元は中国の「歳寒の三友」にあると伝えられているからである。

　それにしても、この数十年来、日本人の生活環境や社会情勢が大きく戦前の様子とは変わってしまい、タケに関する総合的な需要も全国的に低迷している。あたかもこれに比例するかのように、林地所有者の生産意欲が低下し

モウソウチク（東京都千代田区、8月）

はじめに

てしまったために管理不行き届きの林分や近隣の放棄地にタケが侵出し、拡大した放任竹林がやたらと増加。このことから生態系の破壊や生物多様性の減少にも影響するとして、タケ林不要論者まで現れる始末である。

しかし一方でタケは、かつての利用が単なる家内工芸的価値評価しかされなかったにも拘らず、われわれの生活に欠かせないものであった。最近ではタケのみが持っている特異的な性質を活用することで有力な工業化の植物資源になりうるとして評価されるという、価値観の見直しも行われるようになっている。

ハチク（静岡県長泉町、10月）

ただ、そのためには新たにバイオマス利用として十分な資源供給量が求められることから、わが国だけでなく、むしろ海外の熱帯地域でも資源確保のための新植栽地造成の熱が高まっている。

こうしたことから本書は、本来はタケに関する植物誌としての視点からのみ取りまとめるつもりであったが、周辺からの植栽技術の要望も強くなってきたこともあり、紙面の許す限りにおいて、それらの要望も受け入れることにした。

このためタケの基礎的な知識と情報とを述べた後に、自然環境に基づいた背景の下で温帯地域から熱帯地域にかけての適地型のタケに関する分布、特性、栽培から利・活用の実態までを、それぞれ対比しつつ具体的に取りまとめた次第である。

それぞれの箇所からタケに関する新しい情報や知識を少しでも汲みとり、その価値を見直していただければ幸いである。

　　2012年 4月　　　　　　　　　　　　　　　　　　　内村 悦三

竹資源の植物誌──もくじ

はじめに 2

プロローグ　竹資源の変遷　11

有用資源としてのタケ林　11
タケ林からタケ藪へ　13
バイオマスとしての新用途　15

■BAMBOO GRAFFITI（4色グラビア）　17

タケの特性を知る　17
温帯地域に生育する有用なタケ　18
熱帯地域に生育する有用なタケ　19
竹資源の利・活用を見る　20

第1部　タケとはどんな植物か　21

◆第1部のねらい────22
自然界におけるタケ────23
植物の系統図　23
植物の進化　27
タケ科の意味　29
　タケ科植物とイネ科（イネ属）植物　30
　タケ科植物と草本植物　31　タケ科植物と木本植物　31
タケの語源と各国での呼称　33
　タケの語源　33　各国でのタケの呼称　37
タケとササの区分　38

もくじ

植物の分布に関する要因――――――42
　気候区分の表示　43
　気候帯と森林分布　43　　気候ダイアグラム　48
タケの生育環境要因――――――51
　自然環境　52
　　降水量　52　　気温　55
　立地環境　59
　　標高と緯度　59　　土壌　62　　地形　65
分布地域と生育型――――――67
　タケ類の地域性と生育型　67
　　温帯性のタケ・ササ類　69　　熱帯性のタケ・ササ類　71
　分布範囲　72
　生育地域と種数　75
　　タケ科植物の生育地域と種数　76
タケが示す特性――――――80
　タケノコと稈の成長　80
　タケの皮と節の役割　83
　表皮と内皮あれこれ　85
　開花と種子　86

第2部　温帯性タケ類の姿　　　　91

◆第2部のねらい――――――92
主要種の分布・特性――――――94
　マダケ属（Genera Phyllostachys）　94
　　マダケ（*Phyllostachys bambusoides* Sieb.Et Zucc）　94
　　モウソウチク（*Phy. pubescens* Mazel ex Houz）　95
　　ハチク（*Phy. nigra var. henonis* Stapf）　95
　　クロチク（*Phy. nigra* Munro）　96

ホテイチク（*Phy.aurea* Carr.Ex Riv.Et C）　96
　トウチク属（Genus Sinobambusa）　97
　　トウチク（*Sinobambusa tootsik* Makino）　97
　シホウチク属（Genus Tetragonocalamus）　98
　　シホウチク（*Tetragonocalamus angulatus* Nakai）　98
温帯性タケ類の栽培―――99
　既存林の整備と管理　99
　　モウソウチク材生産林の整備と管理　99　　マダケ竹材生産林の整備と管理　102　　モウソウチクタケノコ畑の整備と管理　103
　　モウソウチク製炭材用林の整備と管理　105
　植栽地の整備と管理　106
　　植栽地の選定と種類　106　　植栽苗の取り扱い　107
　　植栽時期と方法　108　　保育と管理　108
　放置・拡大林の整備と管理　108
　　放置・拡大林の動向　109　　放置・拡大林の整備と管理　110
　今後のタケ林の保全管理　112
温帯性タケ林の利・活用―――113
　歴史的背景と竹利用　113
　稈の特徴と利用　116
　　特徴の利用　117　　理化学性の利用　118　　特徴の複合的利用　118
　用途別の竹製品と種類　119
　　生活用品　119　　伝統文化　120　　継承文化　121
　食品・その他の利用　122
　　食用タケノコの利用　122　　タケの皮の利用　125　　葉の利用　126
　工業的利用　127
　　建材としての利用　128　　衣類としての利用　130　　炭化物としての利用　131　　製紙用としての利用　132　　竹繊維強化プラスチック（BFRP：Bamboo Fiber Reinforced Plastics）としての利用　133

第3部　熱帯性タケ類と亜熱帯性タケ類の姿　135

◆第3部のねらい―――136
熱帯性タケ類主要種の分布・特性―――138
　アジア地域　138
　　バンブーサ属（Genus Bambusa）138
　　セファロスタキウム属（Genus Cephalostachyum）142
　　デンドロカラムス属（Genus Dendrocalamus）143
　　ギガントクロア属（Genus Gigantochloa）147
　　チロソスタキス属（Genus Thyrsostachys）148
　中南米地域　149
　　グアドア属（Genus Guadua）149
　　チュスクエア属（Genus Chusquea）151
　　オタテア属（Genus Otatea）152
　　スワレノクロア属（Genus Swallenochloa）153
　アフリカ地域　153
　　アルンデナリア属（Genus Arundinaria）154
　　オキシテナンセラ属（Genus Oxytenanthera）155
　　オレオバンボス属（Genus Oreobambos）156
熱帯性タケ類の栽培―――157
　栽培地の選定と準備　157
　竹苗の準備　158
　　株分けによる苗作り　158　挿し竹による苗作り　159　実生による
　　苗作り　160　取り木苗作り　161　組織培養による苗作り　162
　植栽方法　162
　　地ごしらえ　162　植え穴　163　植栽本数　163　植栽時期　163
　保育と管理　163
　　伐りすかしと伐採　164　灌水　164
　病虫害　164

熱帯性タケ類の利・活用―――――165
　熱帯アジア地域　165
　　建築資材　166　　生活用具　167　　楽器　167　　家具　168
　　製紙　168　　農林水畜産用具類　168　　その他　169
　熱帯アメリカ地域　169
　　建築資材　169　　楽器　170　　垣根　170　　家具　170
　　その他　170
　熱帯アフリカ地域　171
　　垣根　171　　竹細工　171　　食用・酒　172
　オセアニア　172
　　建材と雑貨品　173　　楽器　173　　その他　173
亜熱帯性タケ類主要種の分布・特性―――――174
　メロカンナ属（Genus Melocanna）　174
亜熱帯性タケ類の利・活用―――――176

第4部　世界各地のタケの分布状況　177

◆第4部のねらい―――――178
アジア大陸主要国のタケ分布―――――179
　　インド　179　　インドネシア　181　　韓国　182
　　スリランカ　183　　タイ　184　　台湾　185　　中国　186
　　ネパール　188　　バングラデシュ　189　　ベトナム　190
　　ミャンマー　192　　ラオス　193
アメリカ大陸主要国のタケ分布―――――197
　　北アメリカ　197　　中南米全般　198　　コスタリカ　198
　　ニカラグア　200　　コロンビア　201　　ブラジル　201
　　その他　202
アフリカ大陸主要国のタケ分布―――――204
　　タンザニア　205　　マダガスカル　205

その他の国　209
　その他の国々のタケ分布────────210
　　オーストラリアとニュージーランド　210
　　パプアニューギニア　210　　ヨーロッパ諸国　211

第5部　タケが持つ価値像　213

◆第5部のねらい────────214
タケの資源的な価値────────215
　持続的再生可能な資源　215
　木質系資源　216
　　物理面からの利用価値　216　　化学面からの利用価値　217
　　組織の利用　218　　炭化物の価値　218
　バイオマス資源　220
タケの機能的な価値────────224
　身体的機能（癒し）　224
　CDM（Clean Development Mechanism）　225
　食品・飼料など　225
　緑化資材　226
　公益的機能　227
　　土壌との関わり　227　　水との関わり　228
　　風との関わり　229　　景観との関わり　229
里山のタケが果たす役割────────230
　時代に応じた商品開発　230
　特用林産物の生産地　232
　里山の活用　233

エピローグ　タケの価値評価　234

　タケ林でのハプニング　234
　地域適応種と栽培法の違い　236

■付表１　タケ・ササ類の簡易検索表　238
■付表２　東南アジア各国における主要なタケ種の地方名　240
主な参考文献　242

プロローグ　竹資源の変遷

有用資源としてのタケ林

　一昔前の頃、と言っても40年余り以前に遡ってのことであるが、郊外に点在していた当時の山村風景を今にして思い返してみると、低山帯の尾根から中腹にかけて広がる斜面一帯にはスギやヒノキの苗木が実にきめ細かく整然と植えられていて、どの造林地もまるで斜面一帯をキャンバスに見立てて幾何学的な絵模様を描いたかと思えるほど見事な列状植栽が施されていた。しかも、そこにはまるで大切なものが置かれているのではないかと思いたくなるほど丁寧な保育と管理状況を見ることができたのである。

　その辺りより一段と低い丘陵地帯には特用樹種と呼ばれているコナラ、クヌギ、アブラギリ、ヤマモモ、キハダ、ツバキなどの有用広葉樹類が地域の自然環境や所有者の好みによって選別植栽されていたばかりでなく、ところどころにクリ、柑橘、カキなどの果樹類が数本単位で自家用に各農家が植えているのも見られたのである。なかでも関東以西の各地には遠くから見ても明らかに樹木より淡い緑色の葉をつけたタケが農家の背面に見え隠れするかのように栽培されているのが印象的であった。

　ただ、一戸当たりのタケ林の面積が必ずしも広くなかったのは農作業用の資材や農閑期に自家用の道具類を手作りするための材料林として育成し、さらに春先には旬な自家用タケノコを収穫するのに十分な程度の面積を確保していたからに違いない。

こうした農家林は各農家の身近な場所に設けられていただけに、どの所有者も極めて集約的な管理ができていた。かつてはこうした山裾の生産性の高い林地全体を雑木林と呼んでいたが、それらは決して雑木類の集団ではなく、上述したように有用な資源植物を集植した、いわば農家にとってかけがえのない農家林であり経済林であった。今日ではこうした地形と林地で構成されている地域を里山と呼ぶようになったが、この場所こそ自然と人間とが常に共生してきた大切な場所だということができよう。

　ところで、新緑の頃、何気なく車窓に現れては消えていく手入れの行き届いたタケ林を見ていると、その清楚な美しさに魅せられて、いつの間にか何となくすがすがしく、そしてスッキリした気分に包まれている自分に気づくのである。それはまさに、同じ場所を人が行き来している間に、いつの間にかおのずとでき上がった作業道であり、そんな自然道を歩いている時に踏み出す足元から乾いた落葉が面白いようにふわりと空中に飛び散り、そこには何とも言い難い感じの清浄感のある空気と静寂さとが織りなす雰囲気が存在していたことを無意識に覚えている。

　他方、一直線の光が射し込む林内でも同様に、何か神秘的で生命の存在することを想わせる「気」のようなものの存在も感じることがよくあった。それというのも、タケは昔から神の依り代（よりしろ）として日本人の信仰の対象となり、祭事文化の一つとして今も伝承されていることと関係しているからかも知れない。

　ある時、タケの調査を終えて林内の小道を帰る途中、同行の友人が、突然「この明るくて静かなタケ林の中にピアノを持ち込んで演奏することができるなら、自分は静かで軽妙なショパンの幻想曲でも弾きつつ、この優雅で静寂な雰囲気と天空とが融和した心地よい気分に暫く浸っていたい」と言っていたのを覚えている。ところが同じような林道を歩いたとしてもスギ林ではだいぶ趣が違うのではないだろうか。

　なぜなら、たとえそこが美林であったとしても空中で幾重にも重なり合って茂っている厚い葉の層が日光の透過を遮ってしまうために昼間で

も林内は薄暗く、タケ林とは正反対の男性的な樹幹が林立していて、かなり威圧感を感じるからである。足元を見てもタケ林では土壌が乾燥しているが、スギ林では湿気が保たれていて落葉も適度に腐植した状態で横たわっているだけに、陰湿な印象を受けざるを得ないのである。だから夕方に一人で歩いていると、神秘的というよりは霊気すら感じるのである。それだけに、この両者を対峙させて見ると、スギ林内で弾く曲としてはさしずめ、「ベートーベンの交響曲第5番」のあの重厚さが適しているように思えるのである。

ついでに言うと、この両者の中間的なのがヒノキ林で、林内は幾分スギ林よりも明るくて乾燥しているために安堵感を覚えることができるのである。とくに手入れの行き届いている壮齢林では気持ちよく歩くことができるのも、ヒノキ林にはフィトンチッドが含まれていて、癒し効果がタケ林と同様に存在するからであろう。

タケ林からタケ藪へ

余談が過ぎたが、タケは多くの植物のように毎年花を咲かせたり種子を稔らせたりすることが少なく、ひたすら無性繁殖によって毎年タケノコを発生するという極めて単純で地味な生活系を繰り返している。このことから毎年整理伐採が行われないとなると、単位面積当たりの本数密度が高くなり、やがて稈（かん）よりも低い灌木や草本植物が数年後には被圧されて、タケのみの単純群落を成立するような印象を与えることから、放置されたままのタケ林では神秘や清潔感が失われて、むしろ逆に汚いと言われかねない状態になってしまうのである。

タケは多くの二酸化炭素（CO_2）を吸収し、1年当たりの生産性が高く、持続可能な資源だといくら正論を並べても、不手入れ地が増えれば、視覚上の印象が悪くなって多くの人々に受け入れられなくなってしまうのである。

一般に「タケ林」とは生産性を保持し、原材料や資材として提供でき

る利用価値を持った林のことであり、以前は殆どがこうした林分であった。しかし、今日のように放任されて利用価値の低下した桿が数多く存在するタケの叢や群落に対しては、「タケ藪」と呼ばざるを得ない。なぜ、そのような変貌を遂げるに至ったのであろうか。

　そこにはいくつもの原因があると考えられるが、かつてはどんなに小さな雑貨品や道具類も、その材料の多くはタケで賄っていた。しかも、祭事や茶道、華道、剣道などの諸道では日本特有の文化を構築したのがタケであった。それほど重宝なタケがすっかり見放されてしまったのは太平洋戦争後に社会生活全体が洋風化の波に覆われて、いつの間にかその雰囲気に呑まれてしまって行ったからではないだろうか。

　たとえば竹製品の多くは日本特有の和風文化に囲まれた日常生活に適応し、しかも多くの品物が庶民生活の消耗品であっただけに、安価であること、耐久性があること、使い勝手が良いこと、入手しやすいことなどが普及の基本になっていた。

　そこに現れたのがプラスチックという石油化学工業製品である。多くの消費者がプラスチック製品そのものに深い関心を寄せたのは、目新しさと竹製品にはない新鮮さが強力なインパクトを与えたからである。そこにはカラフルで美しいこと、軽量で耐久性があること、古くなった竹製品のようにささくれて手に刺さることもなく、その上、極めて安価で買えるという竹製品にはなかった数多くのメリットが台所や家庭内の用事を受け持ってきた主婦を魅了し、高く評価されたことによるものと考えられる。もっともこれらがすべてではなく、若い世代の核家族化、生活様式の洋風化に応じた家具や建築など、時代のニーズに適した近代化社会への対応にマッチしたことも忘れてはならない。

　こういった経過から、昨今ではタケそのものでなければならないという必要性が軽減されたにも拘らず、タケの特性からして放置しておいても毎年桿が生産されて供給量のみが増えることで、流通上のアンバランスが生じているのである。その上、山村地帯から若者の多くが都会に転出したために、最近では山村地帯の高齢化が進行しており、過酷な労働

は敬遠されがちとなって、タケ藪化に拍車がかかっていったと言えよう。
　さらに減反政策、休耕地の指定などによって放置された土地に人が立ち寄らなくなったことからも里山にタケ林が広がる結果をもたらし、いうならば自然の恵みが必ずしも恵みとして受け入れられなくなったということがある。
　このように、もともと農家の周辺に点として分布していたタケ林が、いつの間にか隣接地と続いて線になり、さらに拡張した地下茎が斜面上部へ侵出することで低山帯から中山間地帯まで広がって面を作ることになってしまったのである。とはいえ、極めて天然資源の少ないわが国にとって、持続的で再生可能なタケのような植物資源は貴重な遺伝資源としてだけではなく、今こそ、マルチプルユースの可能なゼロエミッション（廃棄物ゼロ）資源であることに注目すべきであろう。

バイオマスとしての新用途

　伝統的な竹利用は稈、枝、葉、皮、地下茎といった個々の器官をそのままの状態か、あるいは縦割りしたものを編む、削る、組むなどといった加工を行いつつも、素材としての状態を見せることで主要な利用目的を達してきたため、それらは手工芸や家内工業と呼ばれる範疇の産業にとどまっていた。
　しかし、最近のように竹の炭化利用、含有成分の抽出利用、繊維の多元的利用、集成材・繊維板などによる内装材や構造材利用などが行われてくると、そこではタケがもともと持っている形状を見せることのない工業生産品としての新産業が確立されることとなり、成分抽出や物性的な特性の活用が今後は機器の媒介によって、工場で生産するという発想の転換がもたらされることになるはずである。とくにバイオマスとしての利用になると、より一層生産性や生産量のことが課題として取り上げられなければならなくなるであろう。
　日本の伝統産業としての竹工芸は次世代へも受け継がれていくだけの

価値を持っているが、それは決して大量に資源を必要とするものではなく、良質で合目的な素材がいくらかあれば十分である。しかし、工業製品の材料とするには大量の資源が必要となり、この両者間には大きな相違が存在する。ただ、最近話題となっている遺伝資源としての利用には稈だけでなく葉や地下茎など、これまであまり関心が持たれなかった部分の成分も、種によって検討しなければならない時代に変わりつつあるのである。

近頃、タケ資源の多い中国やインドでは資源の有効活用に深い関心が持たれていて、改めてタケの研究や製品開発に多くの研究者や企業関係者が関与してきていることが明らかになっている。また、熱帯地域のいくつかの国でもタケそのものが二酸化炭素の吸収やバイオマス資源確保から見直されるようになり、植林が行われるようになってきている。日本の企業もそのことに関心を持って、海外に進出するための問い合わせが多くなっていることもあって、本書ではこれまであまり触れられることのなかった熱帯のタケについてもページを割くことにした。

古くから利用価値が高かったタケだけに植物としての話題になる話は沢山あるが、本書ではそれらの中でタケが植物として関わっている部分を整理し、タケに対する知識の高揚が得られるような植物誌として取りまとめるようにしたものである。

なお、個人的な感覚からこれまでの自著と同様に、植物として生きている状態の話では「タケ」を、伐採後の死物としてあるいは熟語として用いる場合は「竹」と表記するように意識的に使い分けていることを申し添える。

BAMBOO GRAFFITI

タケの特性を知る

隣接木に寄りかかって伸びる、よじ登り型のDinochloa scandeus。(マレーシア・ケダ州)

亜熱帯性タケ類Melocanna bacciferaは地上では散稈型に見えるが地下茎は仮軸分岐する。(インド・アッサム州)

Schizostachyum lumampaoの上部枝から落下した種子は下方枝の分岐部でも発芽する。(フィリピン・ルソン島)

旬の生鮮食品として好まれるモウソウチクのタケノコ。(京都・西山)

人工的に加工された稈の製品。(京都・竹林公園展示室)

円形をしたMelocalamus compactiflorus(地方名:ボンカウエ)の種子。(フィリピン・ロスバニョス)

タケの秋といわれる葉変わりの季節はタケノコが伸び終わった頃のこと。

タケの化石。(中国・安吉の竹博物館)

30℃室内(左)と20℃室内(右)では1年間だけでも生育に相違が見られる。(モウソウチクの実生苗実験)

Dendrocalamus asperの結実状況。(タイ・プラチンブリ)

BAMBOO GRAFFITI

温帯地域に生育する有用なタケ

モウソウチク竹材林：葉は小さく、生育旺盛で太く、節は1輪。粗放的管理。（京都・長岡京市）

クロチク：稈の形状はハチクより小さく、発生年度は表面が緑色であるが、秋以降黒斑が現れ、2年目以降は葉以外は黒褐色になる。（和歌山・日高町）

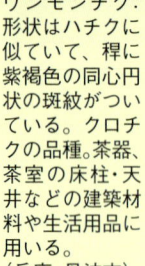

ウンモンチク：形状はハチクに似ていて、稈に紫褐色の同心円状の斑紋がついている。クロチクの品種。茶器、茶室の床柱・天井などの建築材料や生活用品に用いる。（兵庫・丹波市）

モウソウチクタケノコ畑：集約的管理。（京都・長岡京市）

マダケ：中径で節は二重。先細りが少なく、竹細工などの加工に適している。（京都・向日市）

ホテイチク：中径よりやや細めで、稈の下方部の節が寄り集まっている。枝は3本。乾燥すると堅くなり、釣竿のグリップや杖として利用する。（熊本・人吉市）

トウチク：早期に枝を剪定すると多くの枝が出る。タケノコは秋に発生し美味。庭園用として植栽する。（京都市）

ハチク：細く縦割りしやすいので、茶筅に利用する。タケノコは美味である。マダケに比べ稈の表面が白色を帯びている。（京都・向日市）

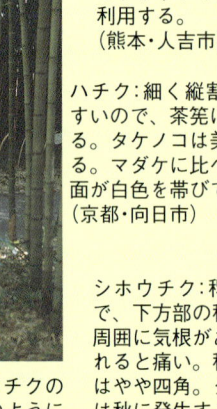

シホウチク：稈は小径で、下方部の稈の節の周囲に気根があり、触れると痛い。稈の形状はやや四角。タケノコは秋に発生する。庭園用として植栽する。（京都・京都市）

キッコウチク：モウソウチクの変種で、節部が亀の甲のようにジグザグになっている。（京都・長岡京市）

◆第1部のねらい

「タケとはどのような植物なのか」とよく問われることがあるが、それを一口で説明することは容易でない。その理由として、タケには樹木や草類とは異なった特性が数多く見出されるからだといえる。

たとえば、樹木類の幹（trunk）や草類の茎（stem）に相当する漢字や英語ですらタケには特別な稈（culm）が使われているのである。そして、稈は中心部に空洞のある円筒状となっており、木や草とは違った構造があるからだということもある。もちろん例外もある。

この他にもタケの成長期間がおおむね60日前後と極めて短く、成長が速いのは、タケノコの先端部にあるシュート頂と皮が付着している節部の稈鞘輪（かんしょうりん）とにはいずれも成長ホルモンが存在していて、両者が同時に細胞分裂を起こして増殖することから、大形のタケの伸長量が1日平均で20cm、ピーク時には90cmにも達するというスピードぶりである。

また、樹木と違って形成層が存在しないために初年度だけしか伸長成長と肥大成長を行うことができないことも明らかになっている。

これら以外にも温帯地域に分布しているタケには地下茎があって、単軸分岐することで無性繁殖を繰り返すが、熱帯地域に生育するタケでは地下茎がなく、仮軸分岐によって無性繁殖を繰り返しているために株立ちになるのである。このほかにも開花や種子に関することなど、タケならではの特徴が数々あるので、タケに関する基礎的な生態や生理などを第1部で取り上げることとした。

BAMBOO GRAFFITI

竹資源の利・活用を見る

細かな編み加工に適さないモウソウチクも工夫次第では立派な花器に作ることができる。(鹿児島)

都会では駒寄せも環境緑化のパーツとしで活用している。(京都・祇園)

熱帯圏の各国ではデザインの異なった竹マットが農家の外壁で見られる。(ラオス・バンビエン)

高級なコンドミニアムに作られた竹尽くしの家で見たバーカウンター。(コロンビア・プエルトペナリサ)

熱帯産のジャイアントバンブーは重厚な家具として使うことが多い。(インドネシア・バリ島)

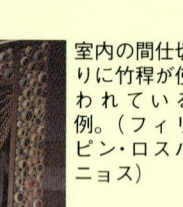
室内の間仕切りに竹稈が使われている例。(フィリピン・ロスバニョス)

日本の竹垣はそれぞれの組み方に特徴があり、名称がつけられている。これは金閣寺垣。(京都・金閣寺)

数寄屋建築では内装材として多種の竹稈が使用されている。(京都)

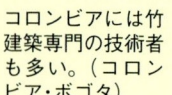
コロンビアには竹建築専門の技術者も多い。(コロンビア・ボゴタ)

竹の集成材は床板だけでなく柱、壁面、家具など、いろいろなものを作る原材料にもなっている。(滋賀・マキノ)

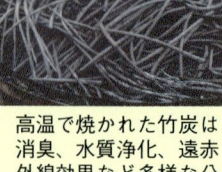
高温で焼かれた竹炭は消臭、水質浄化、遠赤外線効果など多様な分野で性能を発揮することが明らかになっている。(茨城・つくば市)

竹の楽器は多種であるが大量の竹を使ったパイプオルガンは圧巻である。(フィリピン・ラスピニャス)

南太平洋の島でも竹稈を使った踊りがある。(南太平洋・バヌアツ)

第1部　タケとはどんな植物か

自然界におけるタケ

　地球上には維管束(いかんそく)植物だけでもごく大雑把に見て27万種はある、といわれている。その中でタケの存在は、これまでのところ1300種ほどしか知られていないのである。しかもこの植物は自然環境条件から言ってヨーロッパや北アメリカといった先進国の多い地域には生育できないだけに、科学的な調査すら19世紀末頃まで殆ど進んでいなかったと言える。
　なかには不思議な植物があると興味を抱いた宗主国の博物学者たちが熱帯地域に出向いた折にタケに関して見聞を広め、東洋を訪れた際に新たな情報を得ていたという記録が残されている程度である。
　日本や中国には古くから各地でタケが生育しており、その有用性をよく知っていたのは貧しい農民や庶民たちであったと考えられる。それはタケそのものが多様に利用され、今に残されている多くの諺を見ても経験に基づくものが多いことからも判断できるのである。

植物の系統図

　これまで植物の進化に関する研究では種によってかなり進捗に違いが見られるとはいえ、科学の発達が盛んになった19世紀末の頃から多くの人によって多くの種で進められるようになった。したがって、少なくとも生物の進化に関して興味を持ったことのある人なら、1859年にダーウィンが発表した「種の起源」を一度ならずとも読むか、あるいはその内容を耳にしたことがあるに違いない。それと言うのも、この本が各国語に翻訳され、出版されているからで、日本においても多くの翻訳者に

よる訳本が何冊もあるからである。とくにダーウィンの名前は生物学の教科書に出てくることもあって、誰もが知っている名前の一つだといえる。

　ところが、温帯から熱帯にかけて広く世界中に分布している単子葉植物のタケについては、この植物自体が発生的に新しいとはいえ、ヨーロッパや北アメリカに自生していないこともあって、意外とその進化過程や分化に関する報告書を見かけることがなく、それ故、その他の地域でも日本を含めた研究者間においてさえ、タケの原産地がどこかということについてはあまり議論されないまま今日に至っているのである。

　そこで本書では化石に基づいた植物の進化研究の第一人者である浅間一男（元国立科学博物館地質学研究部長、1986）が発表した大葉植物、小葉植物、有節植物の三系的系統図による報告を基にした概要を取りまとめておくこととした。

　今日、地球上には陸上植物の総数が30万〜35万種に達すると推定されていて、そこにはシダ植物、コケ植物、種子植物（裸子植物と双子葉植物ならびに単子葉植物よりなる被子植物）が生育している。なかでも被子植物は多く、約26万種が生存しているともいわれている。

　さて、地球の歴史が46億年ほどだといわれるようになったのは比較的最近のことであるが、先カンブリア紀の35億年前頃には菌類や藻類が生育していたと考えられている。32億年前には光合成をする緑色植物が現れており、4億2000万年前頃の古生代中期頃のシルル紀になると氷河が消滅して、陸上植物が地球上に出現したということである。

　その後、3億5000万年前頃の古生代のシルル紀に次ぐデボン紀になると、地球上の各地は蘚苔類（せんたい）やシダ植物に覆われていたと見なされることを根拠に、この頃をシダ植物時代と名付けている。当時はまだ無葉植物のライニア類や古生リンボク（幹に鱗状の模様をつけた大形の木生シダ）類などが生育していたようで、4億年前から3億6000万年前頃のデボン紀には枝の分岐が繰り返され、やがて葉が現れるようになったと考えられている。

第1部　タケとはどんな植物か

表1　陸上植物三系の退行(小型化)と向上(生殖器官の改良)

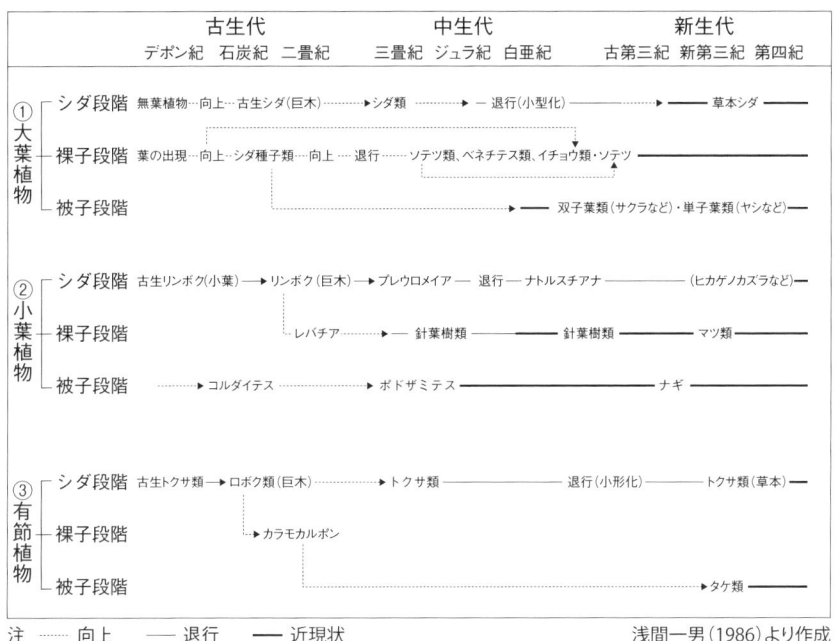

注 ⋯⋯ 向上　── 退行　━━ 近現状　　　　　　　　　　浅間一男(1986)より作成

　裸子植物は、古生代後半に早くも現れているともいわれている。ただ、多くの被子植物はほぼ1億4000万年前の中世代の後半から6000万年前頃の新生代にかけて出現しているということであるが、後述する吉良らの研究によって日平均気温が5℃以上にならなければ成長しないことが明らかになっているので、この頃の有節植物については節間を持った古生トクサ類のみだったと見なしてもよいのではないだろうか。

　古生代も3億6000万年前から2億4800万年前頃の石炭紀や二畳紀になると、地球上は日中30℃以上になり、夜間でも20℃以上という暑さとなって、まるで今日の熱帯地域の気候と同様であったらしく、植物はいずれも巨大化してシダ類の全盛期を迎えていたと考えられている。たとえば大葉植物では胞子を持ったシダ類（胞子嚢がある）や種子を持ったシダ種子類（種子を葉につけていた）のいずれもが、高さ10m以上、直径75

25

cm以上となり、樹高15m以上の化石すら出土したといわれている。
　今日では、このシダ類も木生シダを除けば高さ1m以下しかないのが普通である。また、小葉植物のリンボクやフインボクでも高さ20〜30mに達し、大きいものでは40m以上あったと思われているほどである。それらの化石の多くは石炭の産出するところで発見され、ヨーロッパ、アメリカ、ロシアでは今日でも多量に埋蔵されているといわれている。
　これらの植物もまた、現在はヒカゲノカズラでさえ高さ20〜30cmしかないのである。有節植物ではロボクや木性トクサ類が挙げられるが、それらも高さ30m、直径30cmで現在の草本トクサの高さ1m、直径8㎜といった程度の大きさからは想像もつかない形状だったようである。この頃には各植物の生殖器官の改良が進み、進化への歩みが見られるようになったともいわれている。このように古生代のシルル紀から2億6000万年頃までの二畳紀中頃までをシダ植物時代と呼んでいる。
　ところが、ほぼ2億1000万年前にあたる中世代の三畳紀末期からジュラ紀初期頃には気候帯が消滅し、中生代中期に相当する2億年前頃になると大葉植物系の裸子植物としてイチョウ、ソテツ、ベネチテス類（化石植物）が生育し、各種のシダ類やトクサ類とともにジュラ紀後期から白亜紀にかけての中生紀後期にあたる6500万年前頃には小葉植物として針葉樹類も見られるようになったようである。
　なお、この間の1億4400万年前頃の白亜紀の初頭頃から再び造山活動や季節が現れると、多くの植物は退行して小形化していったと見なされている。その後とくに冬が出現した中生代の終わりから新生代の初め頃には恐竜が絶滅し、その後に寒さによる植物の大量絶滅も起こっている。
　このように変化に富んだ二畳紀後半から白亜紀にまたがった1億8000万年間を裸子植物時代と呼んでいる。やがて新生代になると寒暖の繰り返しや季節が場所によって現れるようになってくる。そして新生代が被子植物時代といわれているように、中生代後期の白亜紀頃からよく花を咲かせる双子葉植物が増えて、現在ではそれらが約26万種にも達して、地球上に生育している陸上植物種の87％を占める勢いになっている。

一方、単子葉植物の中のタケに関しては葉の化石の発見を根拠にして、さらに新しい新生代の古第三紀中頃の4500万年前頃から2500万年前頃ではないかといわれている（浅間一男、1986）。

国立科学博物館地質学研究部長だった浅間は陸上植物を大葉植物のみとする単系的系統図では化石事実と合わないことが起こっているとして、化石事実に基づいて陸上植物を大葉植物、小葉植物、有節植物という三系からなる三系的系統図にまとめている（浅間　1982）。大葉植物や小葉植物に関係する被子植物や裸子植物に比べると、有節植物内のタケの進化そのものは明確でない時期もあるが、有節植物の中でも被子植物の単子葉植物であるタケが後発の植物であることは確かであり、イネは木本のタケ類が向上し、進化して草本となり小型化したものと考えられているだけに、タケの起源は多くの植物の中でも新しいものであることは間違いないようである。

われわれ人間が一世代で生存できるのは長寿者でもせいぜい100年余りであり、地球の歴史から考えると極めて短い期間である。とはいえ温帯から熱帯にかけて生育している緑色植物では、いくら光量や二酸化炭素量が多く、また、土壌養分が豊富にあったとしても急激な低温化が起こると動物も含めて、どれだけ寒さに耐えられるのかが問題であり、逆に高温化が進むと水分の過剰な蒸発散による枯死をもたらす可能性が生じるだけに、この場合も問題は大きいと言わざるをえないであろう。

地殻や自然変動による自然環境の急激な変化が生物に与える影響については人力や科学ではどうしようもないが、人為によって開発が行われて気温を数度といえども変化させることは、自分で移動のできない植物にとっては直接的な被害であり、人間の将来にとって大きな損害に値するということができるであろう。

植物の進化

植物の進化について、ごく大雑把に触れて見よう。

植物の進化とは植物そのものの形態や外観が変わることによって生じるものと考えがちであるが、その変わること、つまり変異をもたらす原因の一つとして、ある植物が育っている場所によって、たとえば生育地域の自然環境が植物に何らかの影響を及ぼすと考えられる。その例として同一植物でも寒冷地では形態が矮小化し、その土地に順応することで耐寒性を得、生命の維持を可能にしていると思われるのに対して、逆に温暖地では一般的に生育は加速されて形態は大形になることが多いという事例から、かつては環境変異あるいは狭義の個体変異が起こるものと見なされていた。

　だから、この両地域から同種の植物を採集してきて、単純に観察して比較すれば別の品種だと見間違えることさえ起こり得るのである。このことは同じ地域での同一植物集団であったとしても、その発生過程や生育時の自然環境を受け入れる個体相互間で、多少とも形態を異にすることがあるために、現れる量的変異の中では連続した変異が見られる。つまり、中央を頂点として左右に連続した山裾を見せているような形の正規分布をする変異曲線を示すのである。

　このことから、かつてはこれを彷徨変異と呼んでいたのであるが、広義には変異そのものは明らかに環境の違いによって現れる一時変異や季節的な変異をも含めて、遺伝子型が同じであったとしても個体ごとの環境対応に違いがあるために生じた非遺伝性の変異だと考えられることから、こうして得られたものは生物の進化には無関係だと結論づけられるに至ったのである。この結果、遺伝する変異としては突然変異のみが進化に関わると考えられるようになった。ただ、突然変異によって生ずる生物の多くは個体として決して好ましいものばかりだとはい言い切れないことがわかったために、結局、形質の良いものだけを選んで残すという自然選択も必要だとされることとなったのである。

　こうして、突然変異に自然選択を取り入れた総合説が今日の進化論では主流になっている。ただ、最近では進化に環境の変化や習性の変化によって生じる変異が同一の生活をする種の集団全個体に起こることから

全個体が同時に変わるとする説も持ち上がっている。

タケ科の意味

　タケと聞けば、殆どの日本人は即座にその形態や特徴を頭の中にイメージすることができるほど、よく知られた植物名だといえる。その上、植物に対して少なからず興味を持っている人はタケがイネ科（Gramineae）に属していることも承知しておられるはずである。イネ科植物といえば分類学上、被子植物門の単子葉植物綱、イネ目に属していて、ここに属する多くの種は軟弱な草本で、細長く、平行脈のある葉は葉身部と葉鞘部から成り立っている。

　茎には中空があるほか、種によっては1年生や多年生（宿根生）のものもあって、多年草では通常は連年開花するという性質を持っている。こうしたイネ科植物は植物が生育可能とされている世界中の各地域に合計で約650属、1万種余りの種が分布していて、その生育範囲の広いことが特徴の一つとなっている。

　これまで、この中に含まれているタケ（ササを含む）の外部形態や花がイネ属に似ていることから、もっぱら植物関係者や農業分野の人たちの間ではイネ科の中のタケ亜科（Bambusoideae）として別に位置づけてきた。他方、タケが多年生で木化するという特性を重視する植物関係者や森林分野の研究者らにとっては、あえてこれを独立させることでタケ科（Bambusaseae）として取り扱っている。そして木化する茎部をタケでは、とくに稈と名づけているのである。また、稈は節を持ち、殆どの種で稈の中心部は空洞である。

　後述するように、タケはいくつもの点で草本植物や木本植物とは違った特性を示すことから、往々にして「タケは草か木か」と論議されてきた経緯があり、それらについてはいろいろな角度から検討してみるのも興味あることである。ただ、現実にはタケそのものが草本植物や木本植物と共通した特性を持ち合わせていることよりは、むしろ異なった性質

が多く存在している。そこで両者のうちのいずれかに決めてしまうよりも、むしろタケという特性を強調してタケ科の植物として取り扱うほうが都合がよく、イネ科のタケ亜科と同時に、タケ科としてのポジションもあってもよいのではないかと考えられて、あえて否定されることなく認めあっているのが現状である。

なお、イネ科の中にはタケ亜科とイネ亜科（Oryzoideae）の他にもキビ亜科やイチゴツナギ亜科などもある。以下でタケ科植物とイネ科植物、タケ科植物と草本植物、タケ科植物と木本植物の共通点と相違点を取り上げてみることにした。

タケ科植物とイネ科（イネ属）植物

〈共通点〉

①形成層：両者ともに形成層がないため、稈や茎の肥大や伸長成長は同時期に1回のみ行われる。

②成長期間：短期間（ほぼ半年以内）である。

③葉脈：通常、単子葉植物の葉脈は主脈に平行した側脈のみであるが、熱帯性タケ類には横の細脈があり、格子状を示すものがある。

〈相違点〉

①枝の分岐：タケ科植物は稈の中位部付近より節にある芽子（がし）が発芽して枝を分岐するが、イネ科植物では花序以外に枝を分岐しない。

②節の有無：タケ科では稈や枝の他、葉身と葉鞘の境界部に節があるために葉は脱落するが、イネ科には節がないために葉が枯れても葉身は葉鞘から離れることはない。

③葉柄：タケ科の葉身は披針形で長さに対して幅が広く、葉柄があるが、イネ科は葉柄がなく、葉身は細くて長い。

④開花状況：タケ科は長年月の期間を経て一度開花すると枯死するが、イネ科は多年生でない限り、1年以内に開花して枯死する。

⑤肩毛：タケ科は葉鞘の上方部に肩毛がついているが、イネ科は葉鞘の上方部に肩毛はない。

⑥種子の澱粉：タケ科の種子に含まれる貯蔵澱粉は単粒であるが、イネ属では複粒である。
⑦関節：タケ科は花序の枝、花の基部または花穎(かえい)と内花穎との間に関節がないが、イネ科にはある。
⑧形状：タケ科には大形の種類があり、イネ科はおおむね小形である。
⑨寿命：タケ科は多年生であるが、イネ科の大部分は1年生である。ただし、イネは本来、多年生である。
⑩木化：タケ科は木化するが、イネ科は木化しない。

このように、タケ科とイネ科の植物とで比較すると圧倒的に相違点の多いことがわかる。このためイネ科の中にはタケ亜科が設けられている。

タケ科植物と草本植物

〈共通点〉
①成長期間：いずれも数十日と短い。
〈相違点〉
①木化：タケ科植物は木化して硬くなるが、草本植物は木化することなく柔らかい。
②形状：タケ科は稈長が数十cmの小形から20〜30mに達する大形の種類まであるが、草本植物ではおおむね短く、長くても数mである。
③節の有無：タケ類には稈・枝に節があり隔壁をつくっているが、草本植物にはトクサを除いて節は見られない。
④開花時期：タケ類は長年月を経て一度開花後枯死するが、1年生の草本植物では年内に一度、宿根草では毎年開花する。

このように、タケ科植物と草本植物とを比較すると共通点よりも相違点のほうが多いことがわかる。

タケ科植物と木本植物

〈共通点〉
①木質系：両者とも木化する。
②生存期間：タケ科は多年生で十数年間生存するが、樹木はさらに長期間の生存が可能な多年生である。

〈相違点〉
①成長期間：タケ類は形成層がないために肥大と伸長成長は初年度のみで、それも温帯性タケ類で60日程度、熱帯性タケ類でも90日と短いが、木本植物は形成層の存在によって連年の成長を繰り返すことができる。
②生存期間：タケ科では稈や地下茎は発生後十数年で枯死するが、木本類では数十年以上の寿命がある。
③空洞：タケ科の大部分は稈の節間に空洞部があって隔壁を作っているが、木本類は中心部の髄まで木質材が充填している。
④節の意味：タケ類の節（node）は空洞部の隔壁になっており、強度保持と通導組織の役割を同時に果たしている。また、稈表面の節には下方部を除いて交互の位置に芽子があり、これが発芽して枝になる。しかも節は稈の下部から上部に向かって規則的な間隔で存在し、発生時に数が決まっているが、樹木の節（knot）の位置はランダムで、そこは幹から出た枝の分岐痕であり、機能上全く異なったものである。
⑤樹皮：タケ科の稈や枝の表面は滑らかで、殆どの種は緑色をしていて発筍時には皮をつけているが成長完了後には早晩離脱する。しかし、木本類は鱗片状もしくは平滑な樹皮で覆われているのが普通である。
⑥成長点：タケ科では先端部に成長点（シュート頂）があるほか各節の上部にも成長帯（稈鞘輪）を持ち、それらが同時に細胞分裂を行って成長するが、木本植物の伸長成長は先端部のシュート頂のみで行われる。
⑦形成層：木本植物には幹の外周部の樹皮とその内側の木部の間に軟らかい組織があって、これが層状に面となって広がる分裂組織すなわち形成層が存在するために毎年肥大することができるが、タケにはこうした組織がないため毎年肥大できない。

⑧繁殖方法：タケ科の主たる繁殖は無性生殖であるが、木本植物では有性生殖を行う。ただし、ササ類や熱帯性タケ類では結実することが多く、有性生殖も可能である。木本類でも同様に無性生殖するものもある。

このように、タケ類と木本類の間では草本類以上に相違点が多く存在することがわかる。このことは古今和歌集の中でもタケの知識者が、
　「木にもあらず草にもあらぬ竹のよの　はしにわが身はなりぬべらなり」
と詠んでいるように、タケは昔から木でも草でもないという曖昧さと、木でも草でもあるという「…もどき」的性質が認められてきたが、今もってこの曖昧さを取り除くことのできていない植物といえる。

タケの語源と各国での呼称

タケの語源

　タケ（または竹）の語源について述べる前に説明しておかなければならないのは、文字についてである。中国では紀元前15世紀頃、すでに漢字が象形や抽象の概念を表す表意文字として使われていて、1語1字1意という高度な文化を作っていたといわれている。

　具体的な例としては漢字では「みる」という言葉を書くと、「見る、視る、診る、観る、看る」などがあり、これらは表意文字であるだけに、それぞれが意味することは見るだけですぐに理解することができるが、漢字の草書体から変化・独立した日本文字であるひらがな（平仮名）では「みる」と書かれても表音文字だけに、これだけではとっさに意味が摑めないのである。

　こうした漢字は1世紀頃に中国から日本に渡来したとされているが、日本には8世紀まで国字としての漢字がなかったのは確かなようで、国字としては仮名（ひらがな、カタカナ）が表音文字として8世紀頃にで

表2 竹かんむりの書体

きたために、中国からの漢字の影響もあって、その日本語訳である訓読みが開発されて日本語の文を表すのに用いられるようになった。こうして中国の漢字をもとに日本独自の漢字を作って国字としたために、漢字＝国字の印象を受けている人も多く、どれが国字としての漢字であり、またどれが本来の漢字であるのか今日では区別できる人は専門家以外ではそれほど多くはいないのではないだろうか。ただ、多くの漢和辞典に

は国字であるかどうかについては記載されている。国字である漢字の例としては榊、峠、畑、畠、辻、杢などのように訓のみであるが、中には音のある鞄、鋲などもある。

さて、わが国では古くからタケという言葉の語源にはいろいろな説が伝えられてきた。もともと、タケ、すなわち「竹」の語源としては中国で使われていた竹冠に「擢」と書く「たく」や「Tiuk」が転化されて「Take」→タケになったといわれている。しかし、この他にも「駄聞」や「蛇気」（日本書記、A.D.720）、「太気」（万葉集、A.D.771～790）、「多気」（延喜式、A.D.927）、「多計」（和名抄）などという音を漢字に当てはめたものだという説も残っている。

ところが、一般的には万葉集抄（A.D.1269）にある「高き」や「高い」を意味する「た」に木の古語である「け」を組み合わせて「たけ」あるいは「高き木」を意味するものといわれてきたか、あるいは「たけ（竹）もタケ（嶽）も高きをもって名付けられたることなるべし」（国語の語源とその分類、大島正健）だとか「タケは痛快茎延（いたくきは）への義」（日本語源学、林甕臣）の「いたくきはへ」が詰まって「たけ」となったという説もある。さらに「たけは長け生るの義、成長の早きにつきて名あるか、また高生（たかはえ）の訳という」（大言海、大槻文彦）などとも紹介されている。

いずれにしても、今日ではタケを漢字で竹と書き、ササの字を二つ持った象形文字で、中国から来たものだといわれているだけでなく、それは葉の形態からの象形文字などともいわれている。

しかし、笹の語源はあくまで和字であり、国字だとされている。万葉時代にはタケの節間や節を「よ」といい、これを「世」に変えて、竹に添えて「笹」にしたものや「世」が葉の省略形で小さいタケを示すものだともいわれてきた。

さらに、この植物が風になびく際に、葉擦れの音をササ、ササと出すことや細小竹（ささだけ）の下の部分の略だとする説もあるなど、まさに諸説紛々ということができるほどである。ただ、中国には「植物の中に物有り竹と

表3　各国でのタケの呼び方と現地名

国　名	タケの呼称	タケ関連の現地名と学名
アメリカ	bamboo	タケノコ（bamboo shoot または bamboo spout）、タケの皮（bamboo sheath）、 （例）thorny bamboo （*Bambusa blumeana* ＊J.A. & J. H. Schultes）
イギリス	bamboo	
イタリア	bambu	
インド	bambu	
	-bans	（例）Kanta-bans（*B.arundinacea* Willd）
インドネシア	buluh	（例）buluh batung （Dendrocalamus Backer exHeyne）
	bambu	（例）bambu Taiwan（D.latiflorusMunro）
	bamboe	
	awi	（例）awi bitung （*D. asper*（Schultesf）Backer ex Heyne）
オランダ	bamboe	
タ　イ	pai—	（例）pai-hok（*D. hamiltonii* Nees）
	phai	（例）phai-nual-yai（*D. hamiltonii* Nees）、phai-sang（*D. atrictus*（R·xb.）Nees）
	waa—	（例）waa-klu（D. hamiltonii Nees）
	mai—	（例）mai—hokdam（*D. longispathus* Kurz）
台　湾	一竹	タケノコ（テクスン、竹筍） （例）桂竹（*Phyllostachys makinoi* Hayata）
タンザニア	mianzi（スワヒリ語）	
中　国	zhu—、一竹	タケノコ（筍、笋、sun）、タケの皮（zhusun）、 （例）毛竹
ドイツ	bambus-	タケノコ（bambus-sprössling）
ネパール	bans-	タケノコ（tama）、ササ（ningalo）
ベトナム	tre-	（例）tre-l［af］ng［af］または tre-gair［uw］ng （B. bambos（L.）Voss）
フィリピン	kawayan	（例）kawayan tinik（*B. blumeana* Schultes）
フランス	bambou	タケノコ（jeune pousse de bambou）
ポルトガル	bambu	タケノコ（palmita de bambu）、
マレーシア	bambu	タケノコ（bambu kuning）
	buluh	（例）buluh.apo（*G. achmadii* Widjaja）
	buloh	batu（D.strictus（Roxb.）Nees）

注：なお、各地の種族や同一民族でも地域によって上記以外に別の呼び方が使われている国家もある。

云う。剛ならず、柔ならず、草に非ず、木に非ず、……」（竹譜、戴凱之、A.D.300）と書かれているように、日本よりも数世紀以上前にこの植物が文字として残されているのである。

各国でのタケの呼称

では、タケが多く生育している熱帯地域やその他の国々ではどのような語源を持ち、どのように呼ばれてきたのであろうか。もとより、タケは温暖多雨の地域を好む植物だけに熱帯地域では多種多様のタケが生育していて、現地住民の生活とは今も深く密接な関わりを保ちながら、それらを利用することで文化を創り、今日に至っているのは日本や中国と相似たところがある。

なかでも東南アジアから南アジアにかけての多雨地帯には広いタケ林が各地に存在しており、一旦火災になると稈が大きな爆裂音を発し、節間が裂けて空洞部から熱で膨張した空気を噴出することからマレーシアの人々にとってはそれが「ブル」と聞こえたということがもとになって、マレー語でタケを表す現地語のBuluhができたともいわれている。その後、イギリスの保護領になったこともあって英語が使われるようになると、火事でタケのはじける音がバンブ（Bambu）と聞こえたとして、これが後に英語のBambooの語源になったともいわれている。

このように日本人がこれまでタケに対して近親感を抱いてきたのと同様に、海外の諸国でもタケに対して親しみを持ったことから各国独自の呼び方が使われている。ただ、それが必ずしも一国で一語に統一されていないのは多民族や多種族で構成された国家の場合は当然といえよう。そこで、これまで各国を訪問して知りえたいくつかの国の言葉について表3に示したが、それらのなかには接頭語や接尾語として使うことで種類を表す場合と、単語として別の言葉となっている場合があるので、その例も示すことにした。

タケとササの区分

　万葉集の中にはタケに関する歌が21種あるが、その多くは成長するとか芽生えるという意味の枕詞やタケの節間を表す〝よ〟の枕詞として用いられている他、「さす竹」、「さき竹」、「植竹」、「なよ竹」、「なゆ竹」などのように別の枕詞として詠んでいる歌が合計7首、「竹玉(たかだま)」で詠んだものが5首、タケそのものや「群竹」、「竹の林」などとタケの姿を詠んだものが5首、その他となっていて、具体的に固有名詞でタケを詠んでいるものは見当たらない。

　タケそのものが古代から存在していたことは古事記や日本書紀でも明らかにされているものの、その当時はタケそのものに個々の名前がつけられてはいなかったであろう。ただ、後年になって稈を生活の中に取り込むようになってからはタケやササが意識されるようになり、何となくその概念ができ上がったのではないだろうか。つまり、比較的大形で稈の利用ができるものをタケ、細くて小さいため利用しにくいものをササといったような漠然とした名前が最初につけられたのが始まりであったに違いない。

　したがって、科学的に分類などが行われていない時代では稈の大きさが極大や極小であると区分は明確にできたであろうが、どちらつかずの中間的なサイズで、かつ稈が利用できるかどうかもわからない中途半端なタケについては、たとえば単に形状が小形であるためにオカメザサと名付けられ、また小形ではあるものの稈が使われていることからメダケ、ヤダケ、スズタケなどと名付けられたのであろう。言うならば、ある程度外部形態や特性が解析される前に固有名がつけられたこともあって、今もって和名だけでは混乱を招く原因となっているのである。

　タケの皮の脱落と付着：今日では科学的な研究が進んだこともあってタケとササの区分は以下のように説明されている。すなわち、タケノコが成長を終えるとその直後か早期に皮（稈鞘）を脱落するものをタケと

名付け、タケノコの成長が終わっていても皮が数カ月から1年以上節（または稈鞘輪あるいは成長帯）に付着しているものをササと呼んでいる。

　こうした皮の離脱による区分は形態や特性などの特徴をも含めて意外と属間の分類が可能であるため、一般的には定着している。ただ、今日でも素人目にはタケは大形であり、それに対してササは矮性であるという印象があるが、少し観察すると、タケとササが共通している点はいずれの稈も通直で節があり、木化した材質組織を持つ稈は空洞であること、葉の形態や組織だけでなく、花序も類似している。

　稈長と枝葉の携帯：相違点として、タケ類はササ類に比べて概して稈長が長く、直径が太いこと、葉の形態がササよりも小さく、枝葉が多く、しかも形成される樹冠の投影が針葉樹に類似していることなどがある。したがって、ササの葉の形状はタケよりも大きく、稈の頂点付近に集まっているがその枚数は極めて少ないことや、枝や稈の分枝が発生初年度には生じないが2年以降では地際や先端部で行われることなども指摘できる。

　こうしたタケやササの区分も学問上利用しているラテン語による学名を使えば世界共通の表示となるだけに問題はないが、日本人が名付けた和名だけで表記すると両者の和名が混ざっているだけに混乱するのである。もともとタケとササの区分はわが国だけのものであったが、タケに関する研究では先進的なわが国のこうした外部形態による分類が外国の研究者にもある程度認められるようになって、今日では和語の「タケ」や「ササ」がそのままローマ字に表示換えされてTakeやSasaが文字や言葉となって世界中で利用されて定着しつつある。

　もっとも、熱帯地域に生育している株立ち型のタケでもBambusa属のB. vulgarisやインドに多いDendrocalamus属のD. strictusなどは成長過程が終われば直ちに皮が離脱するのに対して、タイで広く分布しているThyrosostachys属のT. siamensisや中南米のアンデス山脈の高地に生育分布しているChusquea属の種類はいずれも長期に皮をつけており、形状も前者よりも小形である点でタケとササの区分が導入できるように

思われる。ただ、熱帯地域ではこうした面からの研究はまだ行われていないのが現状である。

タケ類は5属とオカメザサ属：日本ではタケ類と呼ばれる範疇に属しているものにマダケ属、ナリヒラダケ属、トウチク属、シホウチク属、オカメザサ属の5属があり、小形で長い枝を伸ばさないオカメザサ属だけは一見、ササに類すると思われがちであるが、成長後直ちに皮を離脱することからタケに加えられている。したがってオカメザサ属を除けば、タケ類はいずれもその多くが通直で、数m以上の大きな稈から長い枝を分岐し、その先端部に数枚の小形の葉をつけるために遠方から見ると針葉樹に似た形状を示している。

よじ登り型のタケ*Dinochloa scandens*（Blume）Kunz（ケダ州、マレーシア）

　また、タケやササは開花することが稀であるが、開花すればタケ類の花には小穂の基部に苞頴（ほうえい）と呼ばれている2個の鱗片は見られない。

　次にササに属するものとしてはササ属、アズマザサ属、ヤダケ属、スズダケ属、メダケ属、カンチク属の6属があり、いずれも稈長は概して短く、その殆どが3m以下で、属や種によって多少は異なるが生育翌年以降に短い枝を稈の上部もしくは下部から分岐し、その先端部に大形の葉を数葉つけているのが特徴であり、ササ類では開花すると苞頴がついている。

外国での呼称：ところで、外国ではタケのことを一元化して英語でBambooと呼んでいるが、タケの習性（habit）から稈が木化するタケについてはErect bamboo、熱帯地域で見られる草本性のタケはGrass bamboo、さらに近接木に寄り添ってよじ登る熱帯産のタケに対しては

Climbing bambooと呼び分けている。このほかにも巨大なタケをGiant bamboo、刺のあるタケをSpiny bamboo、稈に空洞部のないタケをSolid bambooなどと呼んでいる。

温帯性タケ類と熱帯性タケ類：後述するように、生育地域によってタケの生育型が異なることから、温帯に生育している地下茎を伸ばすタケ類を温帯性タケ類（Temperate bamboo）と呼び、熱帯に生育している地下茎のないタケ類を熱帯性タケ類（Tropical bamboo）と呼ぶことにしている。

しかしながら、これまで主流の地位を築いてきた外部形態を加味する分類法も、分子生物学が発達してきた最近では遺伝子に基づいた系統樹を作ると、これまでの分類上の位置づけが全く違っているとして書き換えられることが起こりつつある。

ところが遺伝子をもとにした系統は科学的な意味合いは極めて深く、それ相応の価値は高く評価されるが現在のところ使用するマーカーを何にするか統一されていないために、その成果が個人やグループによって発表された段階では異論や疑義の生じることもあるので、早急に解析方法が統一されることで多くの人が納得できるようにしていかなければならない。ただ、それにはもう少し時間を要するものと思われる。

植物の分布に関する要因

　世界の植物が地域の自然環境に順応して生育していることは周知のとおりである。そこには気温の高低や降水量の相違、季節による気温と乾期や雨期といった事象の組み合わせなどによって森林、草地、砂漠などの区分がもたらされ、さらに地形、地質、土壌などの立地要因が加味されることによって、より複雑で多様な植生を示すことになる。タケ類の生育や分布を述べる際にごく簡略的にいうならば、タケが分布しうる範囲はこのような自然環境や立地条件をクリアでき、かつ年間降水量が400mm以下になる乾燥地を除いた北緯から南緯にかけての温帯から熱帯に至る広範囲の地域に相当するということができる。

　ただ、それらの範囲内の多くの場所では広葉樹とタケが互いに混生しているのが一般的であり、純林としてタケのみが存在しているところは森林の伐採後、2次林としてタケが拡大したために成立したものと考えられる例が多い。とくにバングラデシュからミャンマーやタイなどにかけての熱帯モンスーン地帯では、タケが生育するために必要かつ十分な気温と降雨量があるために、広大なタケ林が存在している。しかし、これらの地域内であってもミャンマーのように天然性のチークと混生したり、その他の高木性の広葉樹と混交しているところやマレーシアのケダ州のように、熱帯雨林地帯でも主林木であったラワン材を伐採したところで、その跡地に2次林として *Gigantochloa scotechinii* の純林が成立してしまっているところもある。

　わが国における最近の例では、放棄されて不手入れ地となった農耕地や幼齢林に隣接地からタケが入り込んで純林を作っているところも多く

見られる。熱帯雨林や熱帯モンスーン地域と湿潤な暖温帯などでは、タケの生育が可能な自然条件や立地条件が十分に整っている典型的な場所だということができる。このように本来、タケは樹木と共生することができるはずであるが、幼齢の陽樹林に大形のタケが入り込んで来ると、生育期間が短く、しかも林冠を早期に閉鎖してしまうだけに樹木の成長を阻害してしまうが、陰樹であれば時間をかけて成長することが可能であり、数年後にはタケを追い越してその上層に枝葉を広げることができるだけに共存することも可能である。時間はかかるがフタバガキ科の林内では、こうした両者の攻防を見ることができる。

次に、タケの分布に関する要因に先立って、森林型に関わる基礎的な事柄である気候区分について、簡単に解説することにしよう。

気候区分の表示

気候帯と森林分布

植物が生育するには気温や降水量が最も大きな要素となることは、たとえ風が遠方から種子を運んできたり、鳥や動物が種子を食べてから別の場所に移動し、そこで排泄物として脱糞したりしたとしても、その場所が寒冷地や乾燥地であれば発芽できないまま枯死してしまうことでよく理解することができる。また、その種子が偶然発芽できたとしても、気象条件や立地条件が整っていなければ、その後も生育を継続しうるという保証はない。

しかし、もともと植物が以前から生育していた場所に持ち込まれた植物が同種であれば自生できる条件は整っているはずである。このようにある地域に生育している植物群のことを植生と呼んでいるが、この言葉は18世紀の初めにドイツ人の植物地理学者であったF・H・アレクサンダー・フォン・フンボルト（F.H.A,F.von Humboldt）が植物の集団に対してつけたものである。彼は地形、気象、地磁気の研究を行うととも

に植物と環境との関係の研究に大きな功績を残している点で、こうした領域の先覚者と言ってよいであろう。

　その後、1800年代後半から1920年代にかけて気候区分と植生分布の研究成果を発表したのがドイツの気候学者ウラジミール・ピーター・ケッペン（W.P.Köppen）であった。彼が取り入れた気候型は樹木の生育が降水量の有無によって季節に応じた乾燥限界を求めたことにある。すなわち、気候帯を赤道から極地に向かって熱帯、乾燥帯、温帯、冷帯、寒帯の5区分とした。この中で乾燥帯と寒帯には樹木が生育できないので無樹林気候、それ以外の熱帯、温帯、冷帯では樹木が生育できるとして樹林気候とした。

　乾燥帯は年降水量500mm以下として、これを草原と荒原（砂漠）に細分している。また、乾燥帯と寒帯については、前者では最暖月の平均気温が10℃以上あること、後者では同様に10℃以下であることとしている。そして樹林気候においても熱帯は最寒月が18℃以上あること、同様に温帯では最寒月の平均気温が－3～18℃の間で、しかも最暖月の平均気温が10℃以上あること、さらに冷帯でも同様に最寒月の平均気温が－3℃以下で、最暖月の平均気温が10℃以上あることとした。また、樹林気候の気候区や乾燥帯と寒帯気候の気候区などについても説明を加えるなどして、それぞれにつけたアルファベット記号の組み合わせで気候型と植生を示したのである。世界地図上に色分けして図解されているのをご存じの方も多いと思われる。このようにして作られたのがケッペンの気候区分（Köppen's climatic province、1931）である。

　たとえば、彼はこうした気候区分を行うにあたって乾湿度係数Kを次式のように表している。

$$K = P / 2(T + a)$$

　ただし、P：年降水量（mm）、T：年平均気温（℃）、a：定数で、降水量の多い時期を以下のように3区分して各地の乾湿度係数を求めている。

　①冬季に降水量が多く、夏季に乾燥するところ……$K = P / 2(T+0)$

表4 ケッペンの気候帯と気候区

```
    気候帯                気候区
    熱帯気候（A）         熱帯雨林気候（Af, Am）、サバナ気候（Aw）
    乾燥気候（B）         ステップ気候（Bs）、砂漠気候（Bw）
    温帯気候（C）         温帯多雨気候（Cf）……温暖湿潤気候（Cfa）
                                      ……西岸海洋性気候（Cfb,Cfc）
                         地中海性気候（Cs）
                         温帯冬季少雨気候（Cw）
    冷帯気候（D）         冷帯多雨気候（Df）、冷帯冬季少雨気候（Dw）

    寒帯気候（E）         ツンドラ気候（ET）、氷雪気候（EF）

記号の説明（気温は平均気温）
    A：最寒月が18℃以上
    B：乾燥限界以下の降水量
    C：最寒月が18℃未満～－3℃
    D：最寒月が－3℃未満、最暖月が10℃以上
    E：最暖月が10℃以下
    F：最暖月が0℃未満
    T：最暖月が10～0℃
    S：ステップ
    a：最暖月22℃以上
    b：最暖月22℃以下、但し4カ月以上は10℃以上
    c：月平均気温10℃以上が4カ月未満
    f：年中多雨
    m：乾季があるが熱帯雨林が生育する気候；AfとAmの中間タイプ
    s：冬季多雨（夏季乾燥）最多雨月の降水量が最乾月の降水量の3倍以上
    w：冬季少雨（冬季乾燥）最多雨月の降水量が最乾月の降水量の10倍以上
```

②年中降水量の多いところ……K＝P／2（T+7）

③冬季に乾燥し、夏季に降水量の多いところ……K＝P／2（T+14）

（ただし、K：乾湿度係数、 P：年降水量、 T：年平均気）

この計算式からKの値を求めることで各林型を明らかにしている。たとえば多雨林；K＞28、 季節林；28＞K＞18、サバナ；18＞K＞10、ステップ；10＞K＞5、砂漠；5＞Kなどである。

このようなケッペンが示した結果を使ってタケの分布域を考えてみると、タケが生育できる北緯側の地域は冷帯気候の中の冷帯多雨気候区で、また温帯気候帯では温帯多雨気候（Cf）と温暖湿潤気候（Cfa）の

両区が生育適地に該当し、同様にササの分布に関しては温帯気候帯の西岸海洋性気候区（Cfb）や冷帯気候帯の中でも冷帯冬季少雨気候区（Dw）の乾湿度係数20以上であれば生育が可能であるといえる。そして熱帯気候帯では熱帯雨林気候区（Af、Am）でタケの生育は可能であるが、サバンナ気候区（Aw）やステップ気候区（BS）では水分が少なくて生育は困難である。

　この気候区分は生物の生活や植生の分布がかなり一致しているために広く利用されてきた。ただ、植生型の分布に視点を置いていたために異なった気候地域間の境界は明瞭だったが、植生型と気候との因果関係に疑問視される部分があるとして異論が唱えられたこともあって、1954年にトレワーサ（G.T.Trewartha）が気象データを取り入れて気温を基にした気候型に修正したのである。

　上記の気候区分の北緯側では熱帯多雨気候の熱帯多雨林気候（Af）と熱帯モンスーン気候（Am）があるが、いずれの気候区でもタケの生育が盛んである。そして温帯多雨気候の亜熱帯多雨気候（Cfa）や冷帯気候に属する湿潤大陸性暖夏気候（Dfa）以南では、タケ類とササ類が生育している。南緯側の温帯多雨気候に関しては西岸海洋気候（Cbc）がオーストラリア、アフリカ、南アメリカの南部に存在し、これらの地域内でも温暖な場所で僅かであるがタケ類が生育している。南緯側ではササ類に関しては殆ど関心が持たれていないこともあって資料に欠けているため、明瞭ではない。いずれにしても、こうした地域では広葉樹林があり、タケが混生し、開放地では2次林として純林の群落を作っている。

　すでに述べたように自然環境下で植物が生育するには太陽光（日照）とともに降雨（水分）や気温（温度）が関係するので、ケッペンやトレワーサも気温や降水量については気候区分と植生分布を配慮して取り纏めているが、吉良(1949)は植物の生育温度を日平均気温5℃以上と見なして、各月の平均気温が5℃以上の月の平均気温から5℃を差し引いて、1年間積算した値を求め、これを「暖かさの指数」または「温量指数（Warmth

第1部　タケとはどんな植物か

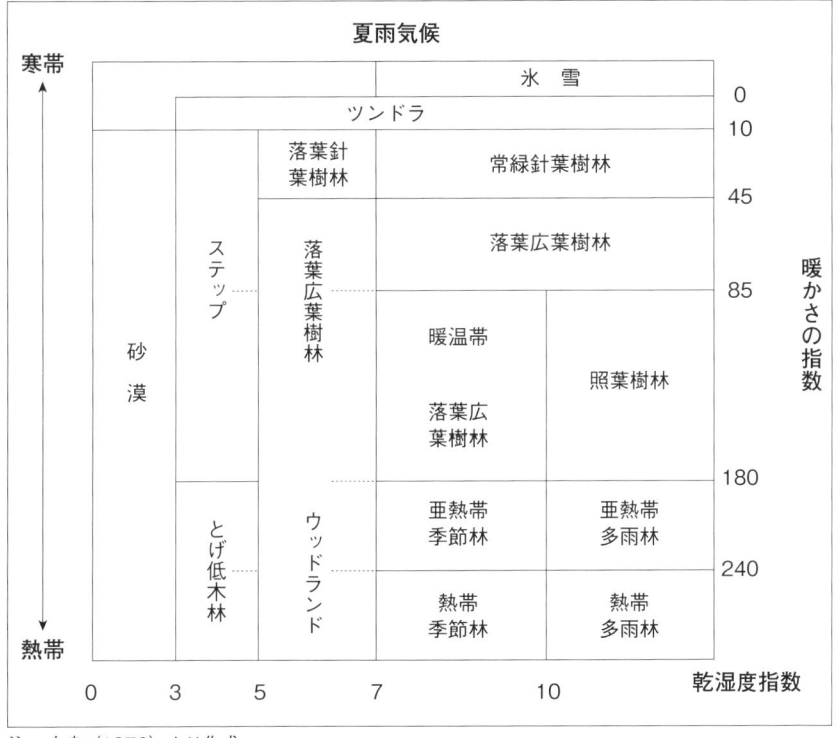

図1　北半球における気候区分と植生分布

		夏雨気候			
寒帯↑			氷　雪		0
		ツンドラ			10
		落葉針葉樹林	常緑針葉樹林		45
	ステップ	落葉広葉樹林	落葉広葉樹林		85
砂漠			暖温帯落葉広葉樹林	照葉樹林	
					180
	とげ低木林	ウッドランド	亜熱帯季節林	亜熱帯多雨林	240
熱帯↓			熱帯季節林	熱帯多雨林	
0	3	5	7	10	乾湿度指数

暖かさの指数（右軸）

注：吉良（1976）より作成

index）」と名づけた。指数の表示単位は月・℃（m.d.；monthdegree）である。このようなデータを導入して描かれた世界の気候区分と植生分布図がある。

　暖かさの指数で植物帯を示すと熱帯多雨林帯240m.d.以上、亜熱帯多雨林180〜240、照葉樹林帯85〜180、落葉広葉樹林帯（45〜55）〜85、常緑針葉樹林帯15〜（45〜55）、ツンドラ帯0〜15となる。図1では横軸に乾湿指数をとり、縦軸に暖かさの指数をとっている。ただ、乾湿指数（K）については以下の計算式を用いている。

　　　　暖かさの指数が100未満の時は$K = P / T + 20$
　　　　暖かさの指数が100以上の時は$K = 2P / T + 140$

　　　　　（ただし、P：年降水量、T：暖かさの指数）

　参考までに「寒さの指数（Coldness index）」とは月平均気温5℃以下の月の温度をマイナスで表して1年間積算したものをいう。

　通常、温帯気候は年平均気温で5〜20℃までとされているが、この範囲の中でも比較的低温である5〜10℃を冷温帯、10〜20℃を暖温帯として区分している。これらの地域では広葉樹林が広く生育しているが、年降水量や気温の変化、また緯度、地形などの影響を受けて地域的に複雑な相違が生じるために、他の地域に比べると温帯の樹林帯は極めて複雑である。

　一方、熱帯地域は年平均気温が20℃以上（18℃以上とする学者もある）で、年間を通して概ね温度変化の少ない地域であるが、ここでも年平均気温が比較的低い20〜24、25℃の地域では亜熱帯と呼ばれており、温度だけから熱帯を考えると、熱帯アジア、熱帯アメリカ、熱帯アフリカという3地域の大陸が対象となるが、植物を議論する際はむしろ熱帯気候として考えることが重要で、その場合は赤道を中心としてほぼ南北回帰線付近まで地域を拡大し、年中高温を伴う気候のところと考えるのが妥当といえよう。

　こうしたことを踏まえて吉良による上記の計算式からタケの生育範囲を求めてみると、温量指数では45付近の落葉広葉樹林から熱帯多雨林に挟まれた範囲で、かつ乾湿指数6の熱帯ウッドランドから熱帯多雨林のような高温過湿状態の範囲に囲まれた地域内ということができる。ササに関しては、さらに常緑針葉樹の群落内にも生育することが明らかである。

気候ダイアグラム

　年間降水量とともに温度や湿度が関係して求められる気候帯や気候区分によって、地球上のどの地域に、どのような森林型が成立していて、その植生がどのようになっているのかが現地調査の実施前に予測できることは非常に有難いことである。

第1部　タケとはどんな植物か

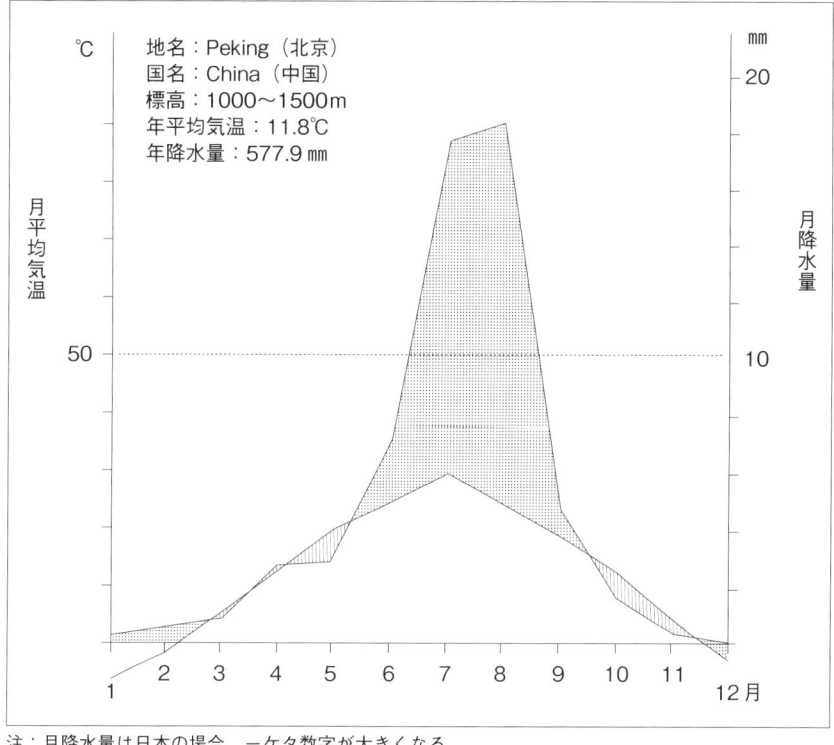

図2　ウオルターの気候ダイアグラム

地名：Peking（北京）
国名：China（中国）
標高：1000〜1500m
年平均気温：11.8℃
年降水量：577.9mm

注：月降水量は日本の場合、一ケタ数字が大きくなる

　さらに地域の月別降水量や気温の観測記録があるならば前もってドイツの植物生態学者ウオルター（H.Walter）が1975年に考案した気候ダイアグラムを作成しておくと便利である。その便利さから近頃出版されている地図には、ごく当たり前のように主要地の気候ダイアグラムが記載されるようになっている。

　この図の特徴は横軸の左側を基点として等間隔に12等分して1月から12月までを目盛っておく。ただし、北半球の場所では1月から始めて多雨期が中央に来るようにする。同様に南半球では7月から始めるようにする。

　縦軸については左側に月平均気温を10℃ごとに目盛り、右側には月平

均雨量を20mmごとに目盛ると50℃の位置と100mmの位置とが同じ高さに並ぶことになる。こうした目盛りを基にして各月の数値を書き込み、折れ線グラフを描くと、その結果、降雨量が気温を下回る期間は乾期となるので網掛けしておく。同様に降雨量が気温を上回る期間は湿潤期あるいは半乾燥期として縦線で描くのである。

　ただし、降雨量が100mmを越えている期間は水分不足を起こさない過湿の期間として黒く塗りつぶすのが決まりとなっている。このような図を作っておけば、その場所が、どの時期に水不足であり、また過湿時期なのかが明瞭になる。なお、調査地名、国名、標高、年平均気温、年降水量などを書き加えてデータを補足することも大切である。

第 1 部　タケとはどんな植物か

タケの生育環境要因

　緑色植物の自生可能な地域での生育環境は気温や降水量といった気象条件と土壌、地形、地質などが関係する立地条件とによって必要条件が満たされる。さらに、これらに加えて生育地に少しでも多くの光エネルギーが照射されるなら十分条件をも満たすことができる。しかしながら、これらのいずれかの要素が欠けると群落としての生育は困難だと言わざるを得ないのである。もちろん、こうした自然界の恵みは広範囲な地球上の各地域でいろいろな要素が組み合わされることでできているのであるが、このところの科学技術の向上は気象要因や立地要因のいずれも人工で作ることが可能になってきている。

　最近、光に関しては発光ダイオードを使うことで色調や照度をコントロールすることができるようになり、植物工場の名前でキットが販売されるまでに至っている。こうした人工的なものはあくまで実験室レベルのものであるが、身近な場所で研究目的に則した環境を作りだすことができるという便利さが存在するのである。たとえば太陽光に相当する人工光を１日に少なくとも６時間照射することで最低限ながらタケを順調に生育させられることがわかったが、12時間照射するとさらに生育が加速されるといったことも別室で同時に行うことで簡単に調べることができるのである。

　タケやササが森林火災や樹木の伐採跡地で二次的に成立するのは、タケ類がもともと光に対する要求度を強く持っているためで、裸地になったことで少なくとも日光が十分に投射されて、初期成長が活発に行えるようになったからである。ここではこうしたタケの生育環境に関連して、

まずは個々の環境因子について述べることとする。

自然環境

これまでタケの野生種に関する調査は各国で長年にわたって進められてきたが、今後もそれが継続されていくなら、現在、世界中で確認されている1260種余りよりさらに多くの種が明らかになることは確実である。それというのも、タケという大雑把な呼び方での分布範囲が広大なだけに、主要な生育地である熱帯地域の途上国では未だに天然林内の調査が十分されることなく放置されている地域がかなり多いからである。

タケ類では多くの種が同一条件下の地域で生育していることが多く、個々の種によって生育適地とする気象条件には微妙な相違があると見なされるものの、それらを正確に把握することはなかなか困難である。

したがって、ここでは温帯地域を中心に生育している単軸分岐するタイプの温帯性タケ類と、稀に単軸分岐と連軸分岐を混生するチシマザサのような種も含めた温帯性ササ類について考え、さらに熱帯地域を中心に生育している株立ち状の連軸分岐をする熱帯性タケ類についてそれぞれ考えてみよう。

降水量

タケ類の生育に関わる因子のなかで大きな要素を占めるのが降水量である。この降水量については年間降水量と時期的な降水量が関係する。熱帯降雨林帯や熱帯モンスーン気候帯では常識として年間降水量に不足することはないが、これが生育限界相当量しかなければ林地状態を維持するには十分といえない。なぜならタケノコや地下茎が伸長し、肥大する期間には通常よりも多くの水分を吸収するからである。

元来、半乾燥地と呼ばれている地域で毎年確実に森林保持が継続できるには少なくとも400mmの年間降水量を必要とすることを知った。しかし、タケ林においてはこれだけの年間降水量では林分として恒常的に維

持することはできない。その理由は毎年タケノコを発生し、これを数十日間という生育期間で成竹にまで育成させるには暖温帯といえども殆ど水分不足で、生育することは無理だからである。

温帯性タケ林：一般にわが国に生育している温帯性タケ類ではタケノコが伸長し、肥大しつつある成長期間にハチクやマダケのような中径級の種類でも１日10ℓあまり、またモウソウチクのような大径級のタケでは１日ほぼ20ℓ近くの水分を必要とするためで、この量は成長停止期間中に必要とする水分量のほぼ４〜５倍に相当し、生育良好なタケノコでは皮の先端部に見られる鞘片から生育期間中は絶えず余分の水分を滴下するという現象が見られる。

また地下茎の成長期間中の土壌には降雨による重力水（浸透水）が多いに越したことはないが、常に土壌に毛管水が含まれている状態に保たれている限り問題にすることはない。ただ、地下茎の生育期間は稈の場合よりも長いので乾燥状態になるのは好ましくない。こうした状況から温帯性タケ類では年間降水量が1000㎜以上で、かつ、１カ月の降水量100㎜以上の月が最低でも年２回は必要である。

たとえば、わが国のモウソウチク林ではタケノコが地上に発生する地表温度10℃の時期に最低１回はこうした降水量が、さらに地下茎の生育期間中（たとえば８月中旬から９月中旬）にも同様の降水量が１回あることが望ましいのである。同様にハチクやマダケであれば地表温度12℃の頃に少なくとも１回と、残りは９月から10月にかけて１回は月降水量が100㎜以上あるのが理想的な水分供給ということになり、これによってタケノコの持続的生産を確実に見込むことができる。また、新葉が出始める６月頃から梅雨期を過ぎる時期になると降水日は思いのほか減り、気温が上昇することもあって葉からの蒸散量が増し、林内土壌は乾燥することが多い。タケの葉が日中に丸く巻き込むのは、この時期によく見受けられる。こうした条件が満たされるのは、気温の関係もあるが、地理的には秋田県や岩手県の南部以南の本州と四国や九州である。

熱帯性タケ林：次に熱帯地方に生育している熱帯性タケ類が恒続的に

タケノコを生産できるのは年間降水量が1000mm以上で、かつ熱帯雨林や熱帯モンスーン地帯では月平均200mm以上の降水量が最低でも年3回は必要である。その理由は熱帯地域の降雨のパターンにある。すなわち、降雨の際はそれまで晴れていた空が急変して土砂降りの雨を1時間足らずもたらすと、その後はすっかり快晴に戻るという熱帯特有の短期豪雨型の降り方をするのが一般的であるため、たとえ多量の雨が降ったとしても粘土質土壌の多い熱帯多雨林地域では落葉の分解は温帯での場合より速く、堆積することが少ない。したがって水分が土壌に浸透して流下水となり地中に蓄えられるよりは、表面流として流亡する割合のほうが多いことから、降水量としては多くなければならないのである。

　また、熱帯での落葉や落枝の分解速度が速いのは降雨の後にすぐ日が照るために日射量が多く、常に高温であるだけでなく、落葉時期が分散していること、降雨の頻度が高いこと、地表面や葉の表面からの蒸発や蒸散も急速に行われること、林内の小動物や微生物も多いことなどに関係がある。成長期間に関しても、温帯性タケ類では60日前後で年1回であるのに対して、熱帯性タケ類では1本のタケの成長期間は90日もかかり、成長が終わると次のタケノコが発生するというパターンを取るので、降雨さえ常に多ければ少なくとも同一の株から1年に3回もタケノコを発生することができるので、熱帯では頻繁に降雨があることが望ましいのである。

　タケの吸水量は温帯のタケ類の2倍程度に相当し、大形の種類のタケノコの伸長期には1日あたり40ℓも吸収し、全ての皮の鞘片から水滴を垂らすだけでなく、大形の葉の先端からも水滴を垂らすのである。このように蒸散量も多いために、タケ林に入ると土壌の乾燥度が森林よりも強く感じられる。短い乾期を伴う季節落葉林地帯のタケは乾期が近づくにつれて葉が萎れたように巻かれていき、乾期が3カ月も過ぎる頃には完全に落葉してしまう。しかし、それでも地下部はもちろんのこと稈は生存していて、降雨が始まれば枝から葉を再生して元の姿に戻ることができるのである。

第1部　タケとはどんな植物か

　以上のようにタケ類の持続的生産を継続させるためには最低限の水分を確保しなければならないが、この降水の時期や期間のほか土壌水分の多少が種の分布に影響することは当然で、湿潤地帯でも平坦地や丘陵地の尾根などの乾燥しやすいところにも生育可能な種類として*Bambusa blumeana*や*Dendrocalamus strictus* がある。これに対して、*Bambusa polymorpha* や*Dendrocalamus asper*などは河川敷や沼沢地に近い湿潤地を好むのである。タケにとって好条件となっている熱帯モンスーン地に該当する北東部インド、ミャンマー、タイ北西部、中国南部一帯にかけての北緯15〜25度にはタケの天然の大群落が存在しているのも、こうした降水量が大きな要因となっているからである。

気温

　タケが生育できる自然環境の中で気温もまた重要な生育要因として取り上げることができる。われわれが体感する暑さや寒さの違いは外気温によるものであり、たとえば同じ日に温度が違うのは標高が異なる場合と緯度を異にする場合の二つである。

　これらのことは静岡県内の海抜０ｍ地点と高山帯に属する富士山の海抜3,000mの気温が同じ日に違うことでも明らかであり、一般に標高100m登るごとに気温は0.59度下がるといわれている。同様に北緯０度の赤道上にあるコンゴ民主共和国の地点と同一経度にある北緯70度のノルウエー北部とで気温が違うことは誰もが知っていることである。ほぼ同一の緯度（温帯地域）に属する中国、韓国、そして日本などは古い時代に陸続きであったために植物学上の種レベルで共通するものが今もって多いが、それらは降水量や気温に共通したものがあるからである。

　しかしながら、わが国のような温帯地域と赤道を中心とした熱帯地域とでの最も大きな違いは、年間を通しての気温そのものにあるということができ、それらの間にはタケの生育型にも違いがあって場所に応じて対処しているのが見られる。

　温帯性タケ類：わが国の有用竹は古くから重宝な植物として農家の周

辺や里山と呼ばれている低地林で栽培されてきた経緯があり、そこでは伐採や管理などの人為による行為が入っていない自然状態の林分は全く存在していなかったと言える。最近でこそ人が立ち入らない林分が増えているが、放置しておいて極相に達して天然林の状態を示すには少なくとも今後20年以上は必要だと考えられる。

わが国でモウソウチクが自然状態で生育しうる北限地域は北緯39～40度辺りに該当する秋田県南部から岩手県南部にかけての年平均気温10℃、最寒月の平均気温0～-1.5℃の地域と見なすことができる。この辺りでは十分な管理が行われていても高さ8m、胸高直径8cm程度しか生育することができず、西日本以西で同様に管理されているモウソウチク林に比較するとかなり生育が劣っており、施肥を行っても形状を改善することは不可能で、気温の影響を大きく受けていることがわかる。

国内で最も北方に生育しているといわれているナリヒラダケ属のリクチュウダケですら盛岡市近郊で見かけることができるのみで、それ以北では函館公園内にモウソウチク林が育っているが、そこは冬季の北海道では比較的温かく、また管理のよく行き届いている人工林であるにも拘らず形状は小さい。

一方、マダケについては北緯39～40度の秋田県中部から岩手県の三陸にかけてが北限のように思われるが、実際には年平均気温12℃、最寒月の平均気温2℃でモウソウチクよりむしろ少し温かいところが限界ではないかと考えている。マダケが佐渡島の各地に生育しているのは思いのほか温かく年平均気温は13℃余り、降水量も潤沢で、マダケにとって恵まれた条件となっているからである。

また、ハチクに関しては北海道の南部でも見出せるが、耐寒性が前2者に比べてとくに強いわけではなく、生育条件からすれば、気温はむしろモウソウチクに準じているといえよう。このタケは雪害に対する抵抗性が弱いにも拘らず日本海側での分布がマダケよりは幾分多いようである。クロチクは需要量の減少に伴って、栽培されていた地域が減り、現在では温暖な山口県（78ha）、和歌山県（60ha）、高知県（30ha）が主

な産地となっている。

　わが国で比較的多量に利用されているこれら有用竹の南限は鹿児島県で、年平均気温18℃、最寒月の平均気温7℃と考えられる。これらの値は温帯地域の近隣国でもおおよそ当てはまるものということができる。

　以上はわが国の有用種に対する水平的な温度移動にについて述べたものであるが、温度はまた垂直的な移動によっても変化するので、これらについては標高と緯度の項で改めて述べることにする。

　外国での温帯性タケ類の南限に関してはチリ、アルゼンチン、オーストラリア、ニュージーランドなどが南緯で該当する地域だが、いずれも最寒月の平均気温が北半球よりも幾分高いため、南緯40度よりも多少南でもタケの生育が見られるものの温帯性タケ類はなく、むしろ叢生よりも疎立するタイプの中径種が見られ、標高の高いところではハチクやホテイチクが見られるが纏まったものはない。

　これらのことから年平均気温が10〜20℃の範囲の地域内で、かつ最寒月の平均気温10℃に近いか、それ以下のところでは温帯性タケ類が生育することになる。

　温帯性ササ類：すでに述べたようにササ類は温帯の中でも標高の高い寒冷地や高緯度地帯で生育が可能で、室井（1960）や鈴木（1978）らによると北限はササ属チシマザサ節のチシマザサで北緯51度、チマキザサ節チマキザサは48度のサハリン中部にまで分布していると報告されている（小泉、1940）。このことから北限に関してはおおよそ北緯45〜48度付近にあるといえる。

　その他の主要なササ類の分布については雨量との関係もあるが、大別すると日本海側を郷土とする種は年間の湿気がほぼ一定で、日本海側気候に適している群ではササ属チシマザサ節のチシマザサやチマキザサ節のチマキザサやクマザサがその代表種であり、主として日本海側の山地やサハリンから山陰地方に至る低地や東北地方に多く分布している。そして寒地ほど葉の形態が大きくなる傾向が見られ、多くの種では冬季に葉の縁のみが灰白色に隈どり、いずれは枯れていく。

これに対して太平洋側に分布するササ類は温暖で冬季に降水量が少なく、夏季に多い海洋性気候のところに生育している一群で、北海道から鹿児島県南部にかけての太平洋側の山地にはササ属ミヤコザサ節のミヤコザサやナンブスズ節のナンブスズ、関東地方以北の太平洋側とそれ以南の内陸部にはスズダケ属のスズダケなどが分布。こうした分布には気温が関係することも多いが積雪量との関係も深いものがある。

熱帯性タケ類：国内で生育している熱帯性タケ類は大部分がホウライチク属で、九州や関東以西の太平洋側の温暖な地域で栽培が可能であり、主に造園用に育成されている程度である。しかしながら太平洋側でも植栽後数年間は冬季に地上部が枯れてしまい越冬することが困難であるが数年後には順化して地上茎も枯死することがなくなる。

この他には鹿児島県南部や沖縄県でマチク属が栽培されているが、これらのタケ類はいずれも中国南部やフィリピン、台湾などから導入されたものである。したがって自然条件下で株立ち型の種が生育できるのは年平均気温25℃以上の熱帯地域であり、暖温帯南部から亜熱帯を経て熱帯に至る移行地域に該当する年平均気温20〜25℃間の地域では熱帯性タケ類の生育が一般的ではあるものの、年平均気温が20℃に近い地域では地形や標高によって散程型の温帯性タケ類が混ざって生育することもあり、年平均気温が高くなるにつれて熱帯性タケ類が増え、やがて熱帯性タケ類のみが生育することになる。また、標高1,000m以上の熱帯高地では日中は気温が上昇して高温に達するが低地帯ほどではなく、夜間になると気温も低下することから、温帯性タケ類の生育が可能である。

フィリピンをはじめ中南米、熱帯アフリカの標高1,000m以上のところでは温帯性タケ類が導入されたものが野生化したホテイチク、ハチクなどを見かけることがしばしばある。なかでもホテイチクは、どこの国でもよく繁殖している。低緯度にあるウガンダやコンゴ共和国の観測点は標高1,000mにあり、エクアドル、コロンビア、ベネズエラでも同様に1,400〜2,500mの場所にあり、温帯性のタケが見られる。このように熱帯では標高の高低差によって気象条件が変わるので植生は複雑であ

り、タケ類に関してもその例外ではない。

　ここで補足しておきたいこととして、タケ科植物は生育型によって温帯性タケ類と熱帯性タケ類に大別することができるが、これらはさらに皮の着脱期間によって温帯性タケ類と温帯性ササ類、また熱帯性タケ類と熱帯性ササ類に分けることができる。たとえば熱帯性タケ類には *Dendrocalamus gigantius* や *Bambusa vulgaris* があり、熱帯性ササ類としては *Thyrsostachys siamensis* や *Chusquea subtesselata* などがあって、南限はチリやアルゼンチンの南緯47度まで達するようである（Soderstromほか、1979）。ただ、これまで熱帯地域のタケ類に関して、あえてタケ類とササ類に分けて研究した報告がないため、こうした視点からも今後の分類に生かせば新たな展開が見られる可能性が高いと思われる。

立地環境

　上述した自然環境は短期的にも長期的にも変動してタケの成長や生産量に大きな影響を及ぼすのに対して、ここで取り上げる立地環境は短期あるいは中期的には殆ど変化の起こらない緯度、標高、地形などであり、多少長期的ではあるが土壌だけは唯一変わりうる可能性を持ったものということができる。

標高と緯度

　国内で大形の温帯性タケ類が生育可能な緯度については気温のところでも述べたように、秋田県南部から岩手県南部にかけての北緯40度辺りと考えられる。しかし、これまでの記録によると主要種の北限は生育地の最低気温によって論じられているため、最低気温がかなり低く−7℃や−10℃だと記されているのをしばしば見受けることがある。ところがこうした温度が何日継続すれば枯死するのかといった調査記録がないところから、実際に分布している地域の年間の月平均最低気温から生育環

境としての標高を推定するのも一つの考え方ではないかと思い、月平均気温から解析してみることにした。

　ただ主要地以外での気象観測記録が公表されていないこともあるので、それらの場所については近隣地の数値によって推定することとした。その結果、わが国でタケ類が生育している標高はさほど高くはなく、低山帯にあたる500～600m程度が一般的である。ただ、時折、山地帯にある社寺有林や私有林内にタケの生育している場所を見かけることがあるが、それらは祭事用や自家用に利用することを目的として植栽され、管理されてきたものと考えられ、決して放任されている状態の林地ではない。しかも、このような条件下でも標高の高いところではやや矮性な形状であるのは気温が低いためである。

　ところが、熱帯地域では標高差によって生育型の異なったタケが生育できるのである。すなわち、熱帯低地では仮軸分岐する熱帯性タケ類が生育するものの、標高が高くなるにしたがって単軸分岐する温帯性タケ類が生育するようになる。たとえば、亜熱帯気候の台湾では玉山周辺の標高500～1,000mの範囲で、中国大陸では北緯25～35度にかけての低地や低山帯でマダケ属の群落やその他の温帯性タケ類が数多く見られるのである。

　かつて熱帯地域でモウソウチクの実生苗を養苗して育成しようとしたことがある。最初の試みはフィリピンのラグナ州ロスバニョス（北緯14度、標高80m、年平均気温27.4℃、最寒月平均気温25.5℃、年降水量1,800㎜）にある研究所内で実施した。日本で開花後、結実した種子をまいて発芽した実生苗を地植えしたところ、何カ月経っても小さな分げつ枝（地上茎）を繰り返し発生するのみで、大きいものでも地上50cmの高さになるのがやっとのことであった。

　2年目になっても地上部は依然としてササ状の大きな葉をつけてはいるが地下茎を発生させることもなく、2年目の終わりになって各個体は順次クロロシス（白化）現象を起こして枯死し始めた。周辺には熱帯性タケ類が数種植栽されていて何ら病理的な障害を受けている様子もな

第1部　タケとはどんな植物か

標高450mの場所に植えた実生苗のモウソウチク（植栽2年後も株立ち状で稈の竹高は変わらない）

標高1,200mの場所に移植した実生苗のモウソウチク（2年後には散稈状となり竹高も大きく伸びる）

く、鉄、マンガン、マグネシウムなどの微量要素欠乏の兆候も見当たらなかった。その後、高温障害に原因していることが判明したのである。その後2回目の試みとしてコスタリカのトリアルバ（北緯10度、標高600m、年平均気温22℃、最寒月平均気温21℃、年平均降水量2,670mm）にある研究所内の苗畑で前回と同様にモウソウチクの実生苗を育成した。1年目は地上部の分げつを繰り返し、発生するたびにササ状の葉を次第に大きなものに変えて成長していった。2年目にはフィリピンの場合と異なって地下茎から稈を伸ばし、根元直径3cm、高さ2mまで育ったが、それ以上大きな稈には育たなかった。

そこで、それらの実生苗を掘り取り、年平均気温20℃、標高900mの場所に移植して育てたところ、稈相互の間隔は接近していたが5年後には直径6～8cm、高さ3～4mの形状にまで育った。この結果、温帯性タケ類を熱帯地域に持ち込むと暑さに対する耐性ができないまま枯死するが、標高の高い温帯気候の場所に持ち込めば育成できることが明らかになった。このことから、温帯性タケ類の熱帯地域への導入には標高を考慮した環境対策を考えなければならないことが示唆された。

同様に熱帯性タケ類の種を温帯に導入するには温度管理が必要で、これらの種を育てるには越冬対策として室温を最低15℃以上に保つことが必要だといえる。同様に緯度に関しても植栽によって管理さえ十分に行

えば北緯42度辺りまで栽培地を北上させること自体は不可能でないが、形態は矮小化し、種の特徴を明確に示すという保証はない。

前にも触れたが、ササ類はタケ類に比べて耐寒性が強いことから標高や緯度の高いところで生育することができ、標高では亜高山帯はもとより2,500m近くの高山帯でもチシマザサの生育を確認することができる。一般に緯度が高くなれば同一植物が生育できる標高は低下する。海外ではネパールやブータンの4,000m付近には*Yushania microphylla*や*Thamnocalamus apathiflorus*が、またアンデス山脈の3,000～5,000m界隈にはChusquea属の多くの種が生育している。

このように標高や緯度からタケ類の生育を考察してみると、水平的な分布は温度の規則的な上昇や低下に対して生育型を異にすることで対応できるのに対して、垂直的な分布でも前者と同様に生育型の対応は可能であるが、降水量や地形などが影響するために場所によって属や生育型の移行が複雑で不規則な分布をしていることがわかる。ただ、温帯性タケ類と熱帯性タケ類の境界が低地帯では20℃以上であることは確実である。

土壌

わが国のタケ林土壌は概ね水素イオン濃度(pH)が樹林地よりも低く、5.0～5.5の値を示すところが多く、とくに5.0というような森林土壌としては酸性の強いところでもタケ林をよく見かけることがある。しかも、林内の地表面が乾燥している場所も多いことから、タケは本来、土壌養分の少ない瘠悪地でも生育できる植物だといわれていたが、植物にとって悪い土壌条件下でよい生育を行うはずはなく、むしろ土壌条件が多少悪くても生育しうる植物だと解釈すべきであろう。

その典型的な例としてタケノコ栽培地では毎年敷藁を行った上に粘土質の新しい土壌を客土し、年数回に分けて施肥を行うなど、養分の補給に力を注ぐという集約栽培を行っているほどである。このように土地条件に対してタケが広範囲な適応性を有していることは、種の分布域を拡

張するためには極めて都合がよく、最近のように肥沃した農地の放棄地や開放地が各地に点在していること自体、タケが周辺地に侵出するに足りる条件を与えていることになるのである。このように本来、タケ林の土壌は肥沃で膨軟性と透水性のある砂質壌土が適している。具体的にはモウソウチクはやや湿潤で粘土質からなる土壌地で太くて甘味のある良質のタケノコを生産することができる。

　しかし、良質の稈材を生産するには幾分砂質系で粘土質、もしくは壌土（土性の一種）からなる土壌が適していて、必ずしも肥沃地である必要はない。なまじっか施肥や中耕を行うよりは粗放な栽培地のほうが良質材を生産することができる。マダケについては河川敷で見られるような砂質系の適潤地、もしくは洪水による堆積物によってできた洪積層で、かつ透水性の良い土壌が適している。かつて水害防備林として吉野川、木津川、安曇川、長良川など各地の河川敷にマダケが植栽されたのは、これらの条件が満たされているからであった。さらにクロチクのように稈の色が黒くて通直な材が好まれる種やハンチク、ウンモンチク、トラフダケのように明確な斑紋を示すほど高い価値のある種では比較的乾燥した土壌が生育地として適している。

　また、単位面積当たりの生産性が高く、優良林と呼ばれる林分の土壌では含水量、容水量、孔隙量などの物理性が大きく、容積重が小さい土壌が適地といえる。一方、化学性については土壌中に可吸態の無機養分が多量に含まれていることが望ましく、成分としては窒素、燐酸、カリの肥料三要素の含有量が基本となることはいうまでもないが、タケノコの発生初期には多量の燐酸が、また良質の稈材を生産するには窒素分が重要な役割を果たすのである。

　しかし、窒素過多になると材質を柔軟にすることから、稈材生産林地では注意が必要である。タンパク質、炭水化物の合成や再移動に関係し、日照量不足を補い、組織を充実させるためにはカリウム分も欠かせない。イネ科植物には珪酸が多く含まれているが、タケを生産するには珪酸を多く含んでいる土壌がよい。タケの葉が落ちて腐植し、分解すると珪酸

が土壌中に多く蓄積するが、いずれ有効態の珪酸塩として根から吸収されて表皮部に集積され、堅固な稈を形成することになるからである。

温帯地域と熱帯地域の大きな違いは気温にあるが、この気温と降水量の組み合わせが土壌の物理性や化学性に影響を及ぼすことになる。日本や中国での有用なタケの種類はいずれも施肥や管理施業が加えられて、いうならば農耕土壌のように物理性や化学性が自然状態のままではなく、かなり改良されてしまっている。ところが、これまで熱帯地域に分布していた殆どの種類は放任状態に置かれていて、必要に応じて伐採されてきたために土壌そのものは自然状態のままであるといえる。

熱帯性タケ類そのものの生育温度を考えると、熱帯雨林では低地から1,000m足らずの標高地域では透水性の良い崩積土に生育しているのを見ることができるが、乾期を伴う平坦な低地帯や緩傾斜地では河川敷にある沖積土あるいは扇状地や河岸の段丘などの堆積土に分布している。表土については黄色、明赤黄色、黄褐色土壌が多く、心土は明赤色から黄褐色、まれに青灰色のことがある。ただ同一種のタケに関していえることは土壌水分が多く、肥沃な土壌のところに生育している地上茎（稈）は乾燥気味で土壌養分の乏しいところで生育しているタケよりも木質部分が厚く、また太い大形種のタケが生育している。

土壌の酸性度に関しては水耕実験によってpH3.5という強酸性でも生育することが明らかになっているが、一般的には弱酸性がよく、乾燥を伴った熱帯アフリカで見られる塩類土壌ではたとえ水分があっても生育は不可能である。

ミャンマーのペグヨマ丘陵で天然性のチークとタケとが混交林となって広く生育している場所での*Bambusa polymorpha*や*Cephalostachyum perygracile*は砂質の頁岩（けつがん）からなる湿潤性の土壌のところで立派な林分を作っている。また、東南アジアに多い*Bambusa arundinacia*のように沼沢地や湿潤地で肥沃な、しかも排水性の良い場所で生育する種、インドの*Bambusa tulda*やミャンマーあるいはタイの砂質地に多い*Oxytenanthera albociliata*、さらにはインドの*Dendrocalamus strictus*、

フィリピンの*Bambusa blumeana*、マレーシアの*Bambusa multiplex form. Solida*などのように熱帯アジアでごく一般的に生育している種には耐乾性があって、乾期には落葉することで蒸散量を極力抑えて乾燥に耐え、乾期を乗り切ることのできる種が多い。

Stamp（1926）はミャンマーの極相群系を降水量によって区分しているが、極相が木本類によって優先されることからタケ類は再生中の植生で

チークと混生する*Bambusa polymorpha*

あるとしながらも、降水量1,500〜2,300㎜の地域内にある砂岩あるいは砂質頁岩からなる湿潤チーク林では前に述べた*Bambusa polymorpha*や*Cephalostachyum perigracile*が重要な位置を占め、降水量1,000〜1,900㎜の乾燥チーク林では*Dendrocalamus strictus*が粘土質土壌の指標になるとしている。

この他*Dendrocalamus hamiltonii*、*Bambusa balcooa*、*Bambusa tulda*、*Melocanna baccifera*といった種は、*Shorea robusta*（沙羅双樹）や*Gmelina arborea*などと混生する。*Dendrocalamus strictus*などはもっぱらフタバガキ科の樹木と混生していることから高温の湿潤地が適地と見なされるのに対して、Arundinaria属、ササ属、Chusquea属などに関しては中南米のアンデス山脈や標高3,000m余りの高地に多く見られるブナ科の樹木と混生していることから冷温帯近郊地に適していることがわかるのである。

地形

温帯性タケ類で土層の深い緩傾斜地もしくは丘陵地で普遍的に生育することが多く、急傾斜地で繁茂することは少ない。これは樹木のように毎年成長を繰り返す植物ではいかなる地形でも根茎を地中深く垂直に伸

丘陵地に見られるモウソウチクのタケノコ畑
（合馬、北九州市、福岡県）

ばし、また年とともに水平に広げることで肥大化する幹を支えるように対応できるからである。したがって、たとえばスギの造林に際しては土壌が優先的に選択され、傾斜地はあまり考慮されることなく行われてきた。

しかし、タケではこうした根茎を張ることなく、比較的浅い地中部を横走する地下茎から伸びた比較的短い細根が養分を吸収するか、あるいは深くまで伸ばすことのない稈の支柱根のみでバランスを保てる範囲内で土壌を緊縛しているために生態的な視野からの地形の選択が自然に行われているのである。ただ、往々にして急斜面にタケ林を見ることがあるが、それは斜面の下部に広がっている林分から地下茎が上方部に向かって伸びるという習性によって成立したものなのである。

温帯性のタケ類は地下茎をほぼ地中50cm足らずの深さの位置で保つようにして地中温度がほぼ一定の場所を横走している。ところが熱帯性のタケ類では株立ち型になるために年齢の古い中心部ほど多くの根が累積されて長期的に地面を持ち上げるようにしてマウンドを作っている。ちょうどタケ苗を鉢に植栽しておくと数年後には土がどこかに放り出され、地下茎と細根によって取って代わったようになるのに似ている。

多くのササ類はタケ類よりも耐寒性が強く、このため高緯度や高標高地にも生育することが可能であることはすでに述べたが、傾斜の急な地形に対しても以下の理由から生育適応性を持っている。すなわち、ササ類の多くは稈や地下茎が概してタケ類より細くて小さい種類が多いだけに、土層中の地下茎の分布密度は高く、このため単位面積当たりの稈の本数密度も多くなって、根による土壌の緊縛度を高くしている。このことから多少、急な斜面でも根がしっかり土壌を抱え込むことができるのである。

分布地域と生育型

　植物の基本的な分布についてはケッペンの「気候帯と気候区の関係」やトレワーサによる「気候型と気候区分」、さらに吉良の「気候区分と植生」などから明らかにすることができる。いずれの場合も乾燥の激しい砂漠地帯や極寒の地では気象条件上の理由から植物の生育が阻まれてしまうことが明らかにされているが、それ以外では地形、土壌、標高など何らかの生育環境条件に適応した植物が生育できるので、地域における独自の種の多様性が存在するといえる。

　この点をタケ類に絞って分布という面から考えてみると、前節でも述べたように自然環境だけでなく、土壌の種類や地形といった立地環境や標高あるいは気象条件の違いによる要因も加味されて、数多くの種が生育していることがわかる。単にグローバルな面からタケの分布を見てみると1科の植物としてはかなり広範囲に分布しているものの、もう少し生態学的に的を絞ってそれらの分布を検討するためには、どうしても生育地域の気温を基にして、地下茎の生育型から見た地域分布を明らかにする必要があることもタケならではといえよう。

タケ類の地域性と生育型

　世界各国を歩いていると、思いのほか北米やEU諸国などの住宅でタケの鉢植えや庭園樹として小面積に植栽されているのに出くわすことがある。こうした地域では自生種がないだけに東洋の珍しい植物に憧れを抱き、大切に育てているのであろう。温帯や熱帯などでタケが自生して

世界のタケ・ササ類の区分と生育型

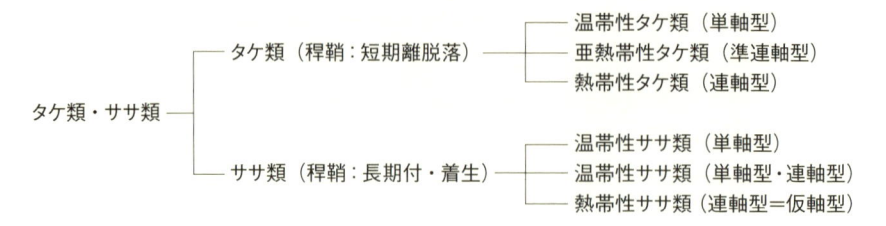

```
                                    ┌─ 温帯性タケ類（単軸型）
                ┌─ タケ類（稈鞘：短期離脱落）─┼─ 亜熱帯性タケ類（準連軸型）
                │                   └─ 熱帯性タケ類（連軸型）
タケ類・ササ類 ─┤
                │                   ┌─ 温帯性ササ類（単軸型）
                └─ ササ類（稈鞘：長期付・着生）─┼─ 温帯性ササ類（単軸型・連軸型）
                                    └─ 熱帯性ササ類（連軸型＝仮軸型）
```

いる地域の都市で見られるのは、庭が狭いためか小形のタケを鉢植えにしている人が多いことである。

　しかし、東南アジアや中南米などで広い住宅地を持っている家の庭園にはさまざまな大形種のタケが植栽されているのを塀越しに見ることもできる。このほか仏教国の寺院やホテルの庭に植栽されている場合は景観作りのために利用しているのだと思える。単なる森林内では、いつの間にか自生した小さな群落があったり、いくつかの株を見ることもある。場所によっては大きな林分を形成していることもある。よく考えて見るとタケそのものは植物の基本である花の美しさを愛でるという観賞的な意味は少ないものの、樹とは違った美しさが共感を呼び、いろいろなものに工夫次第では加工できるという資源的な植物として見るという地域性の違いを感じることもある。しかし、住民が一旦転居して不在になってしまうと栽培されていたものが放置されて次第に拡張して行き、長期的には自生していたものか植栽したものかどうかわからなくなることが起こりうるのである。

　ただ、温帯性のタケでは種子発芽による実生苗や挿し竹による栄養繁殖が自然に起こることは極めて稀なだけに、林内や隔離された群落があっても植栽されたものと判断できるが、熱帯性のタケの場合は発芽率も高く、また挿し竹が容易であるために、自然に繁殖することも十分に考えられるのである。こうした違いもあるので、温帯地域に生育している温帯性タケ類と温帯性ササ類、ならびに熱帯地域に生育している熱帯性タケ類と熱帯性ササ類に大別して話を進めることにしよう。

温帯性のタケ・ササ類

　温帯地域に生育しているタケ類は地表面から40cm前後の深さを横に這いながら毎年、主軸もしくは側軸を数mずつ伸ばして栄養繁殖を繰り返す地下茎（Rhizome）を持っている。

　この地下茎は種類や太さによって異なるが3～7cmごとに節があり、各節には休眠性定芽が左右交互に1個ずつついている。これらの芽子は地下茎が成長を終えた翌春は発芽することなく、2年目以降の春に1年間に伸びた部分にある芽子のおおよそ20％程度が発芽してタケノコとなる。その後の4～5年間は毎年同様にいずれかの芽子が発芽して単年度に伸長した部分の発芽を終えることになる。ほぼ5年間続く発芽率は3年目にピークを迎える正規分布型で、全体の80％程度は発芽するものの、発芽した芽の全てがタケノコとなり稈となるまで成長を継続するわけではない。長さ数十cmまで成長した後に養分不足から成長を中止するものが毎年30～50％は生じる。これらを止まりタケノコと称している。

　結局、1年間に伸びた地下茎についている芽子の80％ほどが発芽し、成竹になるのは全体の40～50％に過ぎない。また温帯性タケ類の地下茎は通常その先端部が伸びる単軸分岐をしているが、時折、主軸から分岐して側軸となることもあり、これらが永年の間に地中でネット状を示すように交錯する。地下茎の各節に存在する芽子は上述のように不規則に発芽するために、地上での稈の配置はランダムになるので、これを単軸型（Monopodial type）または散稈型（Single culm forming type）のタケといい、主として温帯地域に生育していることから温帯性タケ類（Temperate bamboo）と呼ぶことができる。

　なお、温帯性のタケ類は最寒月の平均気温10℃以下の地域で生育することを確認している。温帯性タケ類の染色体数は2n＝48で4倍体である。モウソウチクやマダケなど多くの温帯性タケ類は長期間に1回開花した後に枯死するが、種子は大部分が不稔性で、数少ない充実した種子の保存は困難なために実生苗を作るには取り蒔き（種子が実ればすぐに

温帯性タケの稈（モウソウチク）　　　　温帯性タケの地下茎（モウソウチク）

採集して蒔くこと）を行うことである。マダケはモウソウチク以上にこの傾向が強い。

　次に温帯性ササ類については、チシマザサのように地下茎が単軸分岐だけでなく、地下茎を持たない仮軸分岐と共有する種もあり、幾分複雑になっている。しかもタケ類に比べてササ類は地上部分が密生して生育するだけに、単軸型だけであるのか、単軸型に熱帯性タケ類のような株立ち状の連軸型が混ざっているのかは地上部だけを見る限りではわからないことが多い。しかも、稈の根元から分岐するものは稈の形態をとるが、稈の上部から分岐するものは枝であり、こうした点でもタケ類よりも複雑だといえる。

　温帯性タケやササ類について地下茎の発芽率を向上させようとするなら、地上部を皆伐すれば可能である。発生するタケノコの数は多くなるものの形状は小さくなるので、株分けによる植栽苗を育成する場合は都合がよい。こうした矮性化は限られた貯蔵養分量が多くの個体に分配されるために養分不足を生じるからだと考えられる。この他、たとえばマダケの一斉開花が起こると種の保続のために地下茎の芽子が一斉に発芽して小さなササ状の稈を生育する。いわゆる回復笹と呼ばれているもので、これも同様な理由によるものである。養分を新世代の稈に提供した地下茎は10年余りの歳月の後に、木質部の組織の大部分が老化して腐食してしまい、繊維質だけを残して、いずれは土壌に還元されるのである。

熱帯性のタケ・ササ類

　熱帯低地に生育しているタケ類では地中の稈基部分の節に大形の芽子が左右交互に数個ずつついている。この芽子は稈が90〜100日かけて成長を終えると、一度に数個発芽する。その中の1個または2個だけが成長を継続する。しかし、地中を横走することなく、直ちにタケノコとして地上に伸びて成長を続けるために地上では稈が株立ち状になる。これを連軸型（Sympodial type）または株立ち型（Gregarious culm forming type）のタケと呼び、主として熱帯地域に生育していることから熱帯性タケ類（Tropical bamboo）という。

　この大形の芽子は休眠芽であるが、熱帯雨林のように一年中絶えず降雨がある地域では1個のタケノコが発芽後90日前後で成長を完了すると次の芽子が発芽して成長するので1年間に3〜4回繰り返して発筍することができ、多少の乾期を伴う地域でも年2回はタケノコを発生する。したがって、高温で降雨量が多く、しかも長期に及ぶところでは年間の生産性は大きい。開花については周期が長期に及ぶものから比較的短期的なものまである。充実した種子が多く、発芽率も高いので実生苗は得やすいといえる。ただこの場合も取り蒔きするのがよい。熱帯性タケ類の染色体数は2n＝72で6倍体となっている。

　熱帯性タケ類は最寒月の月平均気温が20℃以上の地域で生育する。最寒月の月平均気温が20〜25℃の地域では低温側で温帯性タケ類が地形や標高によって生育することがある。もちろん高温側では全て熱帯性タケ類が生育する。熱帯性ササ類として見られる典型的なものは中南米の高地に生育しているChusquea属である。種類が非常に多く、ササのような形態の種から稈の空洞部分が海綿状のピス（髄）で充填されたタケ状のものまで実に多様である。生育分布が中南米の全域に及び、標高が100m前後から3,000〜3,500mまで分布している。実際に調査すれば熱帯性タケ類もかなりあるのではないかと考えられ、今後の研究に残されている部分も多いといえる。

熱帯性タケの稈（*Bambusa vulgaris*）　　　熱帯性タケの地下茎（*Bambusa vulgaris*）

　生育型に関して興味を抱かせられることに、温帯から熱帯に移行する過程で見られる亜熱帯地域がある。たとえばインド東部のアッサム州からミャンマー西部の広い範囲に生育しているタケに*Melocanna baccifera*（Loxb.）Kurzがある。その基本型は染色体数 2 n =72を持つ連軸型のタケでありながら地下茎を長く延ばすタイプの種である。このタケがよく知られているのは、ほぼ65年の周期で開花すると、イチジクのような形をした果実を枝から垂れ下げ、やがて熟すと枝から離れて落下し、すぐに発芽して実生苗となって更新するからである。現地では果肉を乾燥させて澱粉を取り、食用にしている。まさに最寒月の平均気温が20〜25℃の範囲内にある亜熱帯地域には温帯性と熱帯性の折衷的な生育型をしたタケが生存しているのである。

分布範囲

　すでに環境要因の中でも分布に絡む事項については幾分触れているので多少重複する部分のあることをお許しいただきたい。タケやササの天然分布状況を何気なく観察していると、ササ類はタケ類よりも耐寒性が強いために低地帯では北緯45度付近から南緯50度付近までの広範囲に分布しているが、温帯から熱帯にかけてはむしろ標高の高い数百mから数千mの広範囲の地域に群落として生育していることが多い。

群落ということでごく大雑把に言うと、北海道から信州の森林内や日本海側の寒冷地などにはチシマザサやチマキザサが、太平洋側では広範囲にミヤコザサやナンブスズが、そして伊豆半島から四国西部の太平洋側にはやや分布範囲は狭いがアマギザサなどが自生している。南緯については資料によるのみで自分で見聞して確認していないので自信を持って言い切れないのが残念である。
　このように高度に関しては国内では標高2,000m前後まで生育しているが、海外では標高4,000m付近の熱帯の亜高山地帯のパラモ林内にはチュスクエア属（以前は Swallenochloa 属といわれていた）のササが生育しているのを観察したことがある。これに対してタケ類は、地域的に見ると温帯性タケ類では温帯低地の丘陵地帯から中山帯の山間地に分布している。ただ、降水量の関係から少雨地域で生育が阻まれるところを除けば広範囲に生育している状況を見ることができる。熱帯アフリカでは降水量の関係から標高2,500〜3,000mあたりの熱帯高地のほうが低地帯よりも広い面積にタケ類が生育している。場所によっては Arundinaria 属の亜熱帯で見られる種も多く、また緯度に関しては北緯40度から南緯42度の範囲内の低地に分布しているということができる。
　タケにしてもササにしても植生上は倒木や伐木によって、また森林火災などによって森林の上層部が開放されて林内にギャップができると、そこにできる2次植生だといわれているが、場所によっては天然性の状態で生育していることも多く、ことに熱帯雨林の奥地や高地では今日ですら未知のままの状態で取り残されているところも存在している。
　植物の生育状況が緯度や標高だけで単純に述べられないのは、それぞれの生育場所における年間降水量の配分や気温差の関係が地形や土壌と相まって複雑に絡んでいるからである。たとえば、これまでの調査によって年間降水量が多く、しかも年平均気温がある程度高ければ、標高が少々高くても生育可能なことが明らかになっている。ところが低地で前者と同一の気温を示していても降水量が不足していれば生育しがたいのである。今、植生分布に関しての表示方法を考えてみると、その一つ

に森林型を取り上げることができる。

　タケ類は熱帯林から暖温帯林にかけての湿潤地帯から多雨林地帯に多くの種が生育しているが、気温が高くて毎月の降水量がほぼ均等の地域はタケの生育条件としては申し分がないことから広く分布し、平均気温が低下するか、あるいは降水量が少ない地域では分布面積が少なくなっている。また、ササ類では熱帯林から温帯北部まで分布するが、高緯度もしくは標高の高い寒冷な地域ほど生育は旺盛で広範囲に分布している。

　このようにタケ類やササ類の生育には気温と土壌の保水量が大きな環境因子となっている。特別な例を除いて緑葉植物は大気中の二酸化炭素（CO_2）、水（H_2O）、光エネルギーによって光合成を行って成長しているので、水はとくに必要不可欠なのである。しかもタケは他の植物に比べて葉からの蒸散作用が大きいので、それだけ水分要求量も多くなっている。いわんや生育中に水分供給を多く必要とするのはこのためである。

　これまでの分布域調査結果によると、タケが持続的に生育可能な年降水量の下限は800㎜と見なされる。わが国では4月もしくは5月以降の月平均気温が12℃以上で、かつ同時期に100㎜以上の月平均降水量を少なくとも2カ月は連続して確保できなければタケ林の経営管理は十分にできない。このような条件が満たされるところは宮城県以南であり、現実にモウソウチクをはじめとしてマダケやハチクなどの生育地の状況を見てみると、年降水量を1,000㎜以上とするのが妥当のようである。一方、熱帯性タケ類が持続的に生産可能な条件としては、同様な調査結果から月平均降水量200㎜以上が3カ月から3カ月半以上必要だといえる。

　こうした理由は地域の降水パターンにあるようで、その降雨状況を見ていると通常、熱帯での降雨は極めて短期集中型ともいえるからであることはすでに述べたとおりである。熱帯性のタケは1日あたりの成長速度が温帯性タケ類より遅いだけに水分の長期的な保続を必要とすることも理解できるであろう。

　これらの結果を基にして温帯性タケ類や熱帯性タケ類の分布状況を、

第1部　タケとはどんな植物か

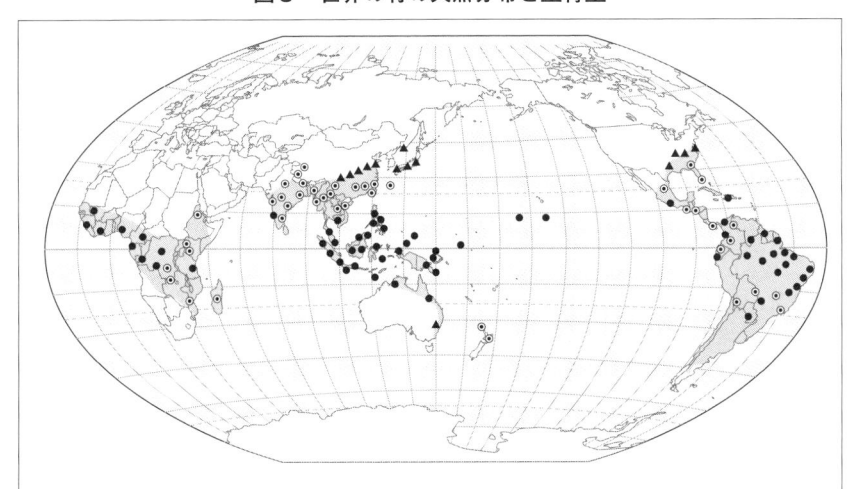

図3　世界の竹の天然分布と生育型

最寒月の平均気温が10℃以下の地域（▲）：温帯性竹類のみが生育する
最寒月の平均気温が10℃～20℃の地域（◉）：低温地域では温帯性竹類、高温地域では熱帯性竹類が生育する
最寒月の平均気温が20℃以上の地域（●）：熱帯性竹類のみが生育する

生産林分として持続可能な条件である年降水量1,000mm以上の地域で、最寒月の気温との関係から示したのが図3である。なおここに示されたマークの地点は、いずれも筆者が確認した地域であることを申し添える。

生育地域と種数

　世界中に分布しているタケやササの生育状況を見ていると、この植物は意外と気温や降水量という環境条件が十分であれば生育地に対する順応性は高いのではないかと思うほど生育範囲の広い植物である。
　しかしながら、その割には種間内でそれほど大きく特徴を異にしている種が少ないのを不思議に思っていた時期があった。このことはタケの研究を継続していく間に何となくその理由らしきものが摑めたように思えてきたのである。それについては後述するとして、とにかく、日本を

はじめとしてアジア各国やラテンアメリカ諸国でタケそのものの利用範囲が実に広いことに気づいたのは先住民や農家の人たちだったようで、日常生活の雑貨品や道具類の材料として使用する量からいうと、どの国においても家内産業レベルの僅かなスケールであったにも拘らず、彼らなりに利用しやすい必要な種を自分の生活圏内で栽培するという心意気が今日まで各国で伝承されてきたといえる。ところが、これまで大量にタケが消費されてきたのは、熱帯地域で建築材として利用するか、製紙会社がパルプ用として使用するための原材料であった。しかし、後者の場合は作業効率上皆伐して利用することが多かったのである。このような方法では最初は効率的で良かったものの、再生産量が急速に衰えるために決して合理的な管理体制だとはいえないものであった。

　その典型的な例がインド、バングラデシュ、タイなどで、今になって海外からタケを買い求めるという状況に立ち至っていることからも理解できよう。こうしたタケの活用には資源調査そのものが早期に行われていなければならないにも拘らず、今日ですら、有用種を対象とした研究は各国とも進んでいるが、それ以外の種となると未知というのが現状だけに、同定されている種数にも限りあることが予想される。

タケ科植物の生育地域と種数

　古くからタケやササを生活や文化の中に取り入れてきたわが国は諸外国の人々にあたかもタケに関する先進国のような印象を与えてきたが、それは生活資材、工芸品、庭園材料としての利用がいくつかの種で進んでいただけであり、決して多くの種類が国内で分布していたからだということではない。ここでは日本に生育している現存種と大陸ごとに生育しているおおよその種数を比較することにした。いずれの地域も原産種や導入種を交えた概数となっている。

　日本のタケ・ササの種数：わが国に生育しているタケやササの種類に関しては分類学者によって多少の違いが見出されるが、温帯性タケ類は5属、14種が基本で、これに変種や品種が加わることでその数に多少の

第1部　タケとはどんな植物か

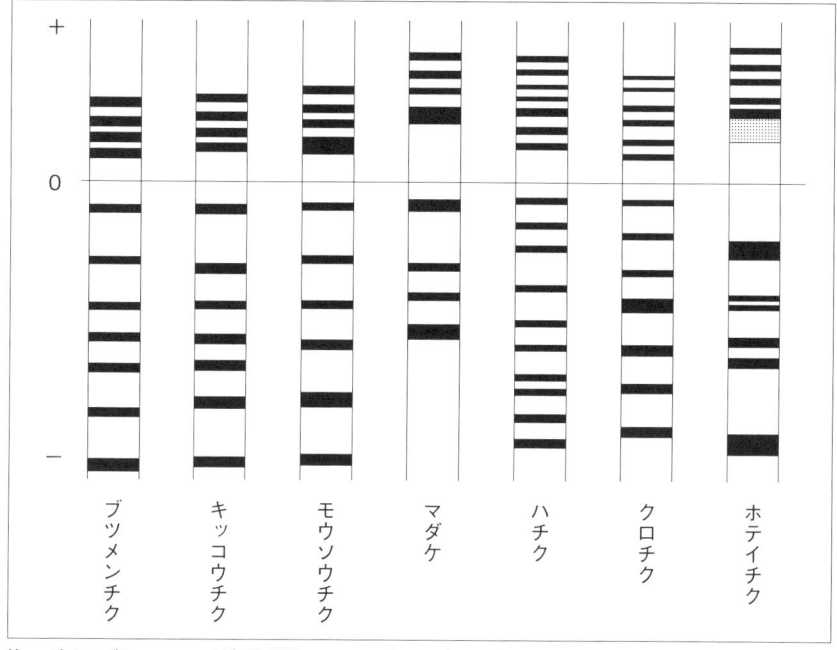

図4　マダケ属のパーオキシダーゼによるザイモグラフィー

（左から）ブツメンチク、キッコウチク、モウソウチク、マダケ、ハチク、クロチク、ホテイチク

注：ザイモグラフィー＝電気泳動図。アイソザイム（イソ酵素による分析法）の実験による

違いが現れている。たとえばモウソウチクの変種であるキッコウチクについて節部の稜線の形状の違いから別の変種としてブツメンチクを加えている学者もあるが、両者の葉から搾液を採り、パーオキシダーゼで電気泳動にかけてザイモグラフィー（電気泳動図）を描き、両者を比較すると完全に一致したパターンを示すことがわかった。つまり、この両者は同一のものであって、生育環境の違いによって生じた外部形態上が多少異なったものであると判断されるのである。

　また、モウソウチクをキッコウチクの品種として取り上げている例もあるが、キッコウチクはモウソウチク林内で突然変異することで出現したものであり、先祖返りを起こしていることが各地で数多く見出されることからも原種はモウソウチクであることがわかる。これはまた先のアイソザイムの実験で、マイナス（−）側の一箇所だけパターンが異なり

活性の弱いものがキッコウチクで見られることからも理解できるであろう。このように研究の手法が進歩すると同一の種や品種が現れてくることもあるので、種数などに関しては絶対的なものでないことを述べておきたい。このところタケの分類に分子系統学や細胞遺伝学などを導入した研究が発表されるようになってきたが、報告数が少ないだけに、ここでは従来の分類法によるものを紹介するにとどめておく。

わが国の場合、温帯性タケ類ではマダケ属に6種、12変種、11品種、ナリヒラダケ属に5種、1変種、トウチク属に1種、1変種、1品種、シホウチク属に1種、1品種、オカメザサ属に1種があり、合計5属、41種類（変種、品種を含む）となっている。

極めてローカル的な品種で現存の可否が確認できないものや一般化されていないものは取り上げていない。上記の他、沖縄県や鹿児島県南部には亜熱帯地域が存在することから熱帯性タケ類のホウライチク属に6種、2変種、4品種、マチク属に1種の合計2属、13種類（変種、品種を含む）が生育している。

また、ササ類については変種や品種レベルでかなり地方品種があるほか、突然変異として表現されている葉の条斑や稈の条斑と色彩による組み合わせから生じている変種や品種が見られるなど雑種も多く、現在では生育地すら明確でないものも多い。厳密な数を示すことができないので、鈴木（1978）を参考にする程度で整理することにした。したがって、温帯性ササ類ではササ属に34種、39変種、24品種、アズマザサ属に8種、17変種、6品種、スズダケ属に1種、5変種、ヤダケ属に3種、1変種、2品種、メダケ属に18種、8変種、18品種、カンチク属に1種、1品種で、合計6属186種類（変種、品種を含む）となっている。

この結果、わが国には合計13属、85種、86変種、67品種、総数240種類のタケやササが生育しているということができる。

世界のタケ・ササの種数：世界中でタケやササが生育している国は多く存在するが、現在でも途上国の中には種の同定すら行われていない国や、本来導入された種でありながら長期の間に順化してしまって原産種

だと思っている国、さらに同一種でありながら国家間では別種となっている国などが見られるのも、各国の科学水準や国情にも関係するだけに致しかたのないことと言わざるを得ない。とはいえ、特定の研究者がいろいろな国に出向いて調査することは不可能に近いことといえよう。ただ、いえることは東南アジアやラテンアメリカには数世紀前に華僑や華人が渡航した際に、本国から持ち込んだ種がそこで繁殖した例は多く、100年余り前に南米に移住した多くの日本人もタケを持ち込んだ記録が残っており、それらが現地で今も繁殖しているのである。

最近ではアフリカのマラウイ、ケニア、タンザニア、セネガル、ギニアといった国々がタケ類を有用資源として東南アジアから導入して栽培するようになっている。これらの状況を踏まえて地域別に生育している属とおおよその種数を調べてみると以下のとおりである。

アジアでは温帯に20属、320種（ササ類を含む）、亜熱帯に11属、132種、熱帯に24属、270種。南北アメリカでは温帯に5属、250種（内200種はChusquea属の種でササ系のものもある）、熱帯に20属、210種。アフリカでは亜熱帯に1属、1種、熱帯に3属、3種。オセアニアでは熱帯で2属、4種。この他オーストラリアには熱帯に2属、3種。マダガスカルには熱帯に6属、20種が確認されており、結局、世界中では94属、1,213種が同定されていて、その内訳は温帯地域に25属、570種、亜熱帯地域に12属、133種、熱帯地域に57属、510種が分布しており、品種や変種を加えるとかなりの数になるであろう。

その面積は1,800万〜2,000万haに及ぶと推定している。国連の統計では3,147万ha（2010年）という数値があるが各国の確かな値にはなっていない。ここで注意しなければならないのは、わが国ではタケ科植物を木本系植物として取り扱っており草本性のものは認めていないが、アメリカや中南米の一部の国では草本性のもの、さらに東南アジアではよじ登り型などもタケとしているので文献によっては属や種や面積が違っているといえる。参考までに木本性タケは94属、草本性タケは28属、よじ登り性タケは数属があるものと考えられる。

タケが示す特性

　大形の植物としては非常に成長が速く、その期間が短いのはなぜか。有節植物と呼ばれているように地上茎、地下茎などとともに枝にも節があるが、何の役割を果たしているのか。表皮は堅く、薄い内皮はどんな構造をしているのか。タケの花は、いつ咲くのか。これらのタケならではの素朴な質問について解説し、これまで述べてきた項目の補遺として記載することとした。
　いずれの項目も多かれ少なかれこれまでの記述のなかで触れている部分があることから、なるべく重複しない文章に仕上げるよう工夫したつもりである。なお、ここでは日本に生育している温帯性のタケを中心に述べることとした。

タケノコと稈の成長

　モウソウチクを例にとると、タケの生活回帰は3月頃から12月末頃までと考えられる。それは地下茎の成長の終わりが10月末から11月上旬頃で、その後に5cm前後まで翌春にタケノコとして伸びる芽子が発芽したまま休眠状態で厳寒期をやり過ごすからである。この小さなタケノコは地上から感知することは不可能であるが、正月用の初物として掘り取りの専門家は経験と勘で探り当てて出荷するのである。
　日本の年間最低気温は1月下旬から2月初めで、この頃は常緑とはいえ葉の光合成は殆ど行われていないことを確認している。モウソウチクのタケノコが地上にその先端部を覗かせるようになるのは地表温度が

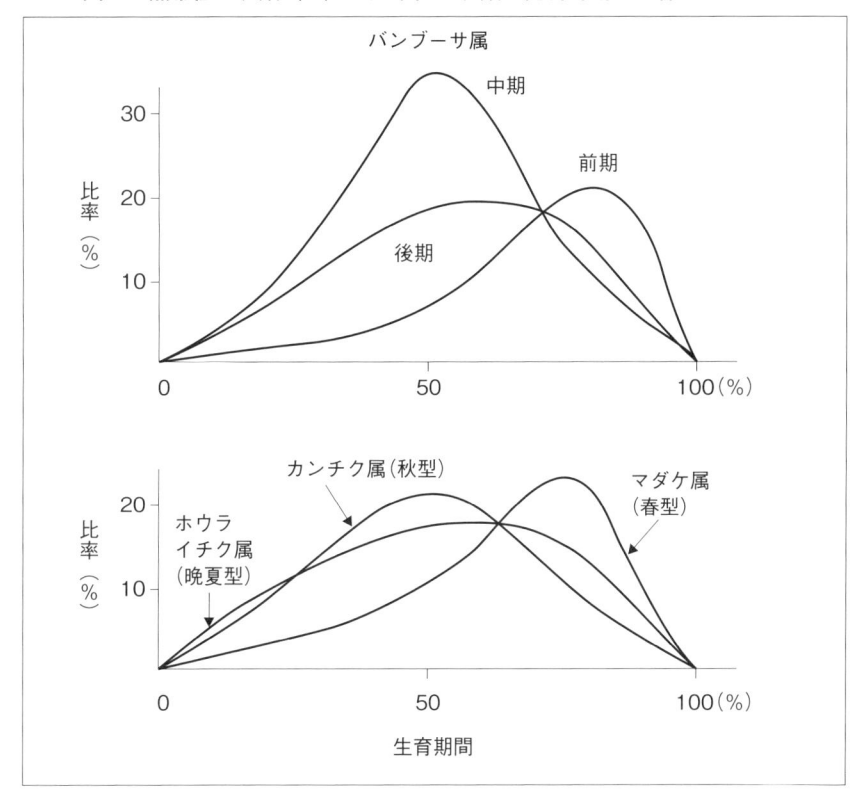

図5 熱帯性タケ類（上）と温帯性タケ類の発筍時期と生育のパターン

10℃になった頃である。この少し前頃からの1カ月間の降水量はタケノコの成長にとって極めて重要で、「雨後のタケノコ」という諺はタケノコが地上に現れる前に降った雨の後にタケノコが多く出ることを意味している。したがって、成長のピークを終えてからの降雨は諺に反して意味のないものである。

タケノコの成長曲線を描いてみると成長最盛期は成長期間のほぼ中央に位置し、1日の伸長量も90cm前後に達している。その頃に必要とする1日当たりの水分量は約20ℓとなる。この量は伸長期以外の毎日の吸水量のほぼ10倍にも達するのである。タケノコの成長が速い理由について

は、緑色植物は通常先端部のシュート頂（成長点）に成長ホルモンを含んでいて、この部分が細胞分裂を起こして成長する。タケの場合もシュート頂が伸びることでは他の植物と変わらないが、その他に皮がついている各節部分（稈鞘部）に成長帯もしくは稈鞘輪と呼ばれている部分があり、ここにも成長ホルモンが含まれていて節間を押し上げるようにしつつ伸長成長と肥大成長を各節ごとに同時に行うのである。この時の成長はタケノコの下部ほど早く始まり早く終了する。そのことはタケの皮が下方部から成長終了とともに落下することでわかる。ただし、ササでは長期付着していることはいうまでもない。

早春になって暖かい日差しがタケノコ畑に射し込むと多くのタケノコは一斉に地上に伸びてくる。それらの全てが正常な稈になるまで育つことはなく、最終的には発生したタケノコの40〜50％が地上50cmほどで腐って立ち枯れることになる。その理由は、稈や地下茎に蓄えられている貯蔵澱粉が養分として多糖類の形でタケノコに送られるのであるが、供給すべき養分の絶対量が不足して弱者、すなわち後期に発生したものや老齢の地下茎から発生したタケノコなどが犠牲となる。いわゆる自己間引きが行われて自然に立竹本数が調整される。

ここでタケノコについて述べておく。タケノコが地上に現れると先端部にある鞘片で同化作用が行われるとともに、陽光を浴びると、えぐ味の成分であるホモゲンチジン酸（２・５ジヒドロキシフェニール酢酸）が作られる。この他にシュウ酸も一種のえぐ味に関わっているといわれている。前者は水、アルコール、エーテルに可溶であり、後者は水とカルシウムを含む米ぬかを加えて煮ると、シュウ酸カルシウムができるのでえぐ味が除去できると思われているが、実際は米ぬかや重曹で煮ても化学的には取ることができないといわれている。なお、シュウ酸はカルシウム塩の状態で藻類、菌類、コケやシダ類に含まれているほか、マグネシウム塩としてイネ科植物の葉に、また酸化カリウム塩としてカタバミ属、シュウカイドウ属などに含まれている。

また、タケノコを湯がいていると白い粒状になって浮かんでくるのが

チロシンで、これは、うま味に関係するといわれているが、あまり味や栄養には関係なく、分裂した細胞が伸長を始めると細胞壁内のセルロース非結晶から結晶化が進んで、リグニン前駆体のチロシンが細胞の周囲に多く蓄えられて細胞壁を丈夫にするのである。このようにリグニンはチロシンを取り込んで木化するので成長とともにチロシンは減少する。

蛇足であるが、タケノコは万人が認める旬の食品であり、先端部にはタンパク質、脂肪、ビタミンA_1、ビタミンB_1、ビタミンB_2、ビタミンＫ、鉄分などが野菜類の中では多く含まれている。根元部分には粗繊維や炭水化物が多く含まれているので堅い傾向があるが、キシロオリゴ糖が含まれているので善玉菌の餌食となって大腸へ行ってその働きを活性化するために食べることを勧めたい。なお、鞘片から水滴を垂らしているタケノコは成長を継続するものである。これらについては後述する。

日本の主要種であるマダケやハチクがモウソウチクよりもほぼ１カ月近く遅れてタケノコを発生するのは、地温がモウソウチクよりも２℃高くなければならないからである。またカンチクやシホウチク、その他、熱帯性のホウライチク、マチク、シチクなどは夏から秋にかけてタケノコを発生するという特徴がある。

タケの皮と節の役割

樹木の節が枯死した枝の自然落下跡もしくは枝を切り落とした痕跡であるのに対して、タケの節は機能的にもその存在意義が大きい。たとえば芽子からタケノコの状態に肥大化していく過程で、すでに軟らかい数多くの節が形成されている。一番外側にはタケの皮（稈鞘）が将来稈の節となる部分を取り巻くようにしてそれぞれついているが、その下端部は突起した節に密着していて、その後の節間成長に大きな役割を果たしている。

また、節を形態面から見ると、①モウソウチクのようにタケノコの円周を線状に一重で突起しているもの、②マダケのように線状で二重のも

タケの皮が稈についている部分（タケノコと呼ぶ）と脱落している部分（稈と呼ぶ）では生理的に異なっている

の、③ハチクのように二重ではあるが下側は線状で突起し、上側は丸みを帯びた凸状になっているものに分けられる。これらは属や種によってそれぞれ異なっているが下位側を稈鞘帯（稈鞘輪）と呼び、上位側は成長に関わるので成長帯（節輪）と呼んでいる。そしてこの両者を合わせた全体を節と呼ぶのである。

　一方、節の内部側は各節間を区切る横隔壁となっていて稈の強度を保たせているだけでなく、維管束があって稈の下部から吸収した養分や水分を直接上部に運ぶ道管（維管束の木部にある管状組織の一つ）と光合成で得られた葉からの養分を下部に運ぶとともに養分貯蔵の機能を持つ師管（維管束の師部の主な構成要素をなす管状細胞）を持っている通導組織が錯綜しつつ横断して上方部につながってもいる。このほかにも内部の横隔壁は中空である稈の強度を保持し、割れを防ぐ役も担っている。なお、横隔壁は水平型を示すもの、凸型のもの、凹型のものなどがあるが、属や種による規則性はとくに見られない。

　各節には発芽していずれ枝になる芽子が交互についているが、稈の下方部にある節では芽子そのものが早期に退化してしまっていて通常は発芽して枝を伸ばすことはない。稈の中部から上方部にかけての各節についている芽子は皮の下端側の中央に位置しているため、皮も稈の上下ではそれぞれが交互の位置につくことになり、稈全体を覆う構造になっている。大切なことは成長中に皮を人為的に剥ぎ取ると、取り去った位置から腐り始め、その位置より上部を完成することなく成長停止に追いやることが起こる。成長帯にはシュート頂と同じ種類の成長ホルモンであるジベレリンが含まれていることも明らかになっている。

　なお余談であるが、節の形状である程度は種の同定に役立たすことが

できるが、タケの皮の質感、形状、斑紋、毛の状態でも種を同定する際の参考資料として使うことができる。

表皮と内皮あれこれ

　樹木には外側に樹皮（外側に外樹皮、その内側に内樹皮がある）があり、内部に向かって形成層、木部（中心部より外側に淡色の辺材があり、中心部側に濃色の心材がある）、そして中心部に髄がある。外樹皮は凹凸のある硬い死んだ細胞で構成されていて病虫害、高低温に対する耐性、外敵からの保護などの役割を果たしている。これに対して内樹皮は通導組織であり、水分や養分などのパイプ役と貯蔵役を担っている。

　ところが、タケの表皮は樹木のようなゴツゴツした樹皮に相当したものはなく極めて円滑で硬く、しかも曲げに対する弾力性がある。樹木と違ってタケには表皮と木部との間に形成層がないために毎年成長を繰り返すことができず、発生時の一回のみということになる。中心部には髄がなく大部分のタケは各節間内が中空（空洞）になっている。すでに少し説明したように節はタケノコが成長を終える頃には外側から木化していき、緻密で硬い細胞壁が稈の表皮を作るだけでなく、表皮や節部には多くのケイ酸（SiO_2）を含むことや理化学的な理由も相まって稈の強度を一層増幅しているのである。

　節の内部には横隔壁ができるが髄組織はタケノコの節間成長が速くて、これに同調できないために組織内部に空隙を生じ、タケになる時点でこの空隙は大きくなり、髄組織は乾燥して薄い膜状のものになってしまう。俗にこれがタケ紙といわれている薄い内皮である。この内皮の役割は通常は木部の内側に密着していて半透膜の機能を持っている。空洞部から木部に向かって水分を透過させるが、その逆はできないのである。このことから稈の空洞部に水を注入すれば、その水分は道管を通って吸収されるために葉を萎れさせることなく、伐採された稈を生け花用に長期間利用することができるのである。

さらにタケにとって節間内が中空であるメリットは何なのか考えてみよう。たとえば、同じ容積量を持った材料を用いて中空の稈と、髄まで充実している稈を作るとすれば、どちらがより大きな稈を作ることができるか比較すると、中空の稈であることは明らかである。それには成長速度を速くして、しかも強度を保つことができなければ成竹まで完成させることができないはずである。その役割を節が果たしているのである。ちなみに、この両者の違いは実竹で高さ５mのものが中空なら20mになるというシミュレーションが可能だといわれている。つまり、成長速度が４倍速いということになる。このようしてでき上がった太い稈の空洞を、熱帯地域の住民は水筒、皿、コップなどとして実際に利用しているのである。

開花と種子

　二つの細胞（配偶子：卵細胞と精細胞）が合体（受精卵）して核物質を混合させ、更新した後に新しい個体を作る有性生殖は、陸上植物でごく当たり前に行われている。これに対して細胞の融合を伴わない無性生殖を行う植物はそれほど多くはない。無性生殖のなかでも根茎（地下茎）、鱗茎、球茎、匍匐茎などによって殖えることをとくに栄養生殖と呼んでいて、増殖した個体は母体と遺伝子構成が同じであることからクローンといわれている。タケは通常、地下茎で増殖しているので栄養生殖をしていることになるが、ある時、突然に開花して有性生殖を行うのである。
　大部分の種は開花周期が不規則で、しかもその間隔が短いものから長いものまでまちまちなだけに、開花の予測が全くできないのである。ただ、開花当年は通常のタケノコ発生時期に異常ともいえるほど細いタケノコのみを多数発生するという現象が見られるが、あくまで予兆でしかない。また、マダケやモウソウチクの開花周期は60年とか120年とかいわれているが、これはあくまで俗説で科学的な根拠は全くなく、十干十二支（十干：甲・乙・丙・丁……の10個と十二支：子・丑・寅・卯

第1部　タケとはどんな植物か

ミヤコザサの種子　モウソウチクの種子
タケの種子　種類によって形態や発芽率が異なっている

……の12個の組み合わせの最少公倍数60の倍数120）に譬えて中国では長いことの表現として使用しただけのことである。たとえ長期間を経て開花したとしても人の一生の間に一度見られるかどうか記録でも残しておかない限り困難である。

　日本国内でマダケは1965年頃に全国的な開花が起こって枯死したが、未だ同じ林分で2回開花したという記録は残っていないのである。ましてやモウソウチクでは大面積開花がこれまで起こったことはなく、小面積といえども同じ場所で再度開花したという事例はない。ただ開花して得られた種子からの実生苗が65年前後の期間を経て再度開花したという現象は記録されている。

　温帯性タケ類の種子に関しては稔性の高い種子が得られる割合は極めて低く、しかも種子保存に関する限り、結実後は早期に取り蒔きしなければ急速に発芽率低下を起こしてしまう。これに対して温帯性ササ類は極めて発芽率の高い種子が多くの種で得られている。たとえばかつてミヤコザサの開花が比叡山で観察された際に、広い範囲で開花した稈が全て枯れてしまったが、間もなく結実種子が地面に落下した後、自然に発芽して翌年には元通り実生で回復したという事例があった。1975年頃には長野県の戸隠山でもチシマザサの全面開花が見られ、稈は全て枯死してしまったが数年後には完全に回復したのである。

　一方、熱帯性タケ類では開花後多くの稔性の高い種子が得られ、実生

苗を容易に生産することができる。また、熱帯性タケ類は温帯性タケ類と違って「挿し竹」によってたやすく増殖することができる。

　Brandis (1921) によれば、インドで生育しているタケの中には、①*Arundinaria wightii*、*Bambusa liniata*、*Ochlandra stridula*などのように毎年開花もしくは1年以内に開花し、開花後も枯死しないタイプ、②*B. polymorpha*、*B. arundinacea*、*Melocanna bambusoides*などでは集団で開花し、開花自体が周期性を持ち、開花後結実して枯死するタイプ、③*Oxytenanthera albociliata*、*Dendrocalamus strictus*、*D. hamiltonii*、*Cephalostachyum pergracile*などのように不規則に開花し、集団開花や部分開花するタイプの3種に分けられるという。これらの中で②の*M. bambusoides*については開花周期が45〜50年ということを、これまで多くの研究者が報告している。

　このように一般論としてタケは毎年、栄養生殖する植物ではあるが、時折、有性生殖も行う植物だということができる。有性生殖によって開花した稈は大部分枯死するが、枝の一部のみが開花することもあり、その場合は生き残ることができるのである。

　ではタケはどんな理由で開花するのだろうか。その原因の追究は1800年代後半になってから多くの研究者によって行われているので、簡単に結果だけを記載すると、

　①病理説：小出迪哉 (1882) は菌の寄生、白井光太郎 (1908) はクロホ病、テングス病、その他にタマコバチやセンチュウによる昆虫などの加害説を唱えたが、開花と結びつく根拠が乏しく原因にはなっていない。

　②周期説：片山直人 (1882) の60年説、川村清一 (1911, 1927) の10〜20年説、室井綽 (1965) の中国の文献による周期説は実証に乏しい。その他、太陽の黒点と周期との関連説なども取り上げられているが、太陽の黒点は特定の年だけに見られ、タケの周期と結びつけることは科学的に説明できないと反論されている。

　③土壌養分説：Loew (1905) の土壌養分欠乏、高木 (1956) の養分欠如、堀正太郎 (1911) の地味不良、田籠伊三雄 (1965) のpH値などがあるが、

第1部　タケとはどんな植物か

マダケの花

マダケの開花した稈

どれも開花と結びつけるには無理があると判断されている。

④遺伝説：笠原ら（1969）は遺伝によるという説を立て、開花そのものが突然変異で起こるとして、開花周期を決定するのも遺伝子以外の何物でもないとしているが、あくまで推論であり、公開討論されていないこともあって果たして実証できるかどうか疑問視されている。

⑤栄養説：Kraus & Kraybill（1918）はトマトを使って土壌中の窒素と水分状態を変化させて分析したところ、体内の炭水化物（C）と窒素（N）の変化が成長と結実に関係するとしてC／N比説を提唱した。果実をはじめ一般植物では開花結実に際して栄養生殖から有性生殖への推移がC／N比に関係することを小林章（1963）が認めたこともあって、タケでも開花時にこの関係が見られるのではないかと考えて上田ら（1957）の研究に参加して分析したところ、開花したマダケでは水分量が少なく、その他のモウソウチク、ミヤコザサでも非開花竹と開花竹では全炭水化物量が同じであったにも拘らず全窒素量とくに可溶性窒素量が開花竹で少ないことが明らかになった。

その後の追試験でも同様な結果が得られたので筆者自身はC／N比説を支持している一人である。

1999年に京都大の荒木崇准教授らは一定の日照を受けたシロイヌナズナ（アブラナ科）を使って花芽を作る「FT遺伝子」を特定し、これに対応する遺伝子を26,000個の全遺伝子から探しだして「FD遺伝子」と

89

名付けた。FT遺伝子は葉で、FD遺伝子は芽でタンパク質を作ることから、葉で二つのタンパク質を結合させたところ、花芽の形成が始まることが確認され、FTタンパク質が花成ホルモンの正体である可能性が高まったとした。

　当時、「葉から芽に輸送され、芽で同じことが起きると確認されれば花成ホルモンだといえる」と述べていたが、もしもこの遺伝子がイネと同様にタケにも存在すれば花を人為的に咲かせることができるので、タケについての開花に関する研究が一層進展するのではないかと期待しているところである。

第2部

温帯性タケ類の姿

美しく手入れされた名古屋・東山植物園のモウソウチク林

◆第2部のねらい

　グローバルという視点に立ってタケ類の分布状態を探索する場合、生育型によって分けることができる。本来、温帯地域に生育しているタケはいずれも単軸型もしくは散程型と呼ばれている種類で構成されていて、どの種も稈の配置がランダム状に点在して生育している。それはこのタイプに属するタケが地中に長く走行している地下茎によって連結されており、その各節についている芽子から発芽したタケノコが生育して稈になるという生育型を示しているからである。

　とはいえ、地下茎の節ごとに見られる芽子の多くは休眠芽で、未熟なままで発芽することなく朽ちてしまう芽子も多数含まれている。ただ、地下茎が伸長成長した翌年にはこの部分にある芽子が発芽することはなく、ほぼ1年半を経てからの数年間に順次発芽することから、タケノコそのものは適宜分散して地上に伸びるようになる。したがって地下茎にある芽子が発芽して毎年完全な稈にまで成長することのできる数は全体数から見るとごく僅かで、恐らく芽子総数の十〜二十数パーセント程度ではないかと思われる。しかしながら、タケは毎年、栄養生殖によって新しいタケノコを発生するので、放置しておくと地下茎は縦横に広がって行き、年とともに稈が過密状態になるのである。

　単軸型のタケが生育している典型的な国は日本と中国で、有用資源として価値評価されているのは両国ともに広く分布しているマダケ属の大形種や中形種である。とくに日本ではモウソウチクやマダケが主となっており、ハチク、クロチク、ホテイチクなどがこれらに続くといえる。この他、トウチク属のトウチク、シホウチク属のシホウチク、ナリヒラダケ属のナリヒラダケなどは、いずれも造園用に用いられているが栽培面積や生産量は決して多くない。したがって、ここではモウソウチクとマダケについて日本での生態から資源の利活用までの概要を中心に述べることとする。

　最新の林野庁の業務資料（2008年）によると管理されているタケ類の

総面積は53,163.5ha（100.0％）で、この面積に占める利用目的別の面積比率はモウソウチクのタケノコ栽培林で18,720.4ha（35.21％）、同竹材生産林で12,684.4ha（23.86％）、マダケの竹材生産林で13,102.7ha（24.65％）となっていて、その他の種類に関しては全体で8,656.0ha（16.28％）のみである。

　ただ、この資料には最近各地で見られる放任地や拡大地の面積が含まれていないことから、現況を森林法に基づいて林野庁計画課が2009年に提示している15.9万haと比較すると、おおよそ管理竹林の2倍の面積が拡大による放置林に該当しているのではないかと考えられる。

　20年余り前の管理面積と現存面積とを衛星画像などで比較してみると、やはり全国平均で2倍近くの拡大面積が認められるといわれている。しかもこの15.9万haは25年前の栽培管理面積とほぼ同じ広さであり、当時はいかに広いタケ林が経営管理されていたか知ることができる。しかし、その後は数十年間に変動していった社会情勢に引きずられて、農地や里山の多くが不在地主化や後継者離れとなっただけでなく、経済政策や竹産業界などの変動をも巻き込んだ複合的な原因によって、多くの不手入れ地をもたらした結果、それらの周辺に取り残されてしまったタケが近接地に侵出して行き、現状のような姿が見られるようになったといえる。

　ただ、最近のように放任され、拡大したタケ林が各地に見られると、イメージとしてマイナスの話題が増える反面、タケ林の環境保全機能の有用性から管理や整備に関心を持つ人も多くなり、栽培管理のマニュアルを求める声が高くなっていることもあって、簡略ではあるが多少この点にも触れておきたいのである。

主要種の分布・特性

マダケ属（Genera Phyllostachys）

　分布範囲は日本、中国、東アジアの温帯地域に分布する。その他の温帯地域の国には導入された栽培地がある。温帯性タケ類で長い地下茎を伸ばして単軸分岐を行う。稈は大形でランダム状態に育つ。枝は各節から2本出し、大小に分かれる。葉は格子目状の葉脈を見せる。肩毛は発達するものが多い。稈の成長後は皮を早期に脱落する。節輪は種によって異なるが、明確な線状は一重、二重のものや一方が線状ではなく凸状のものもある。世界には30種、品種や変種も多く、日本には7種、24品種・変種がある。

マダケ（*Phyllostachys bambusoides* 　Sieb. Et Zucc）

　分布：主要な分布地域は日本および中国中部の温帯で、日本では青森県南部、中国では長江以南で生育している。

　特徴：稈は通直で、長さ15〜20mに達し、先端部は直立する。平均胸高直径8cm前後になる。節間は太さの割に長い。節輪（節）は線状で2輪。各節から2本の枝を出すが節間が長いために枝数は少なく、粗となる。枝の全節間内に空洞がある。葉はモウソウチクやハチクに比べて大きいが数は少ない。肩毛は黒褐色で長く、枝に対して直角についている。タケノコは4月下旬以降発生する。皮はしなやかで斑点があり、表面側に細毛がなく、通気性が良い。稈の先端部は直立している。

　利用：稈は弾力性に富み、割りやすく、編みやすく、加工しやすいこ

第2部　温帯性タケ類の姿

屋敷前に植栽されたマダケ
（東京都新宿区、8月）

疎放栽培のモウソウチク展示園
（静岡県長泉町、10月）

となどから竹細工、工芸品、内装用建築材などとして幅広く利用される。皮は羊羹・肉その他の包装用として利用する。

モウソウチク（*Phy. pubescens* Mazel ex Houz）

分布：中国、日本の他、台湾や南米の温帯気候地域には栽培林が点在する。日本では秋田県や岩手県の南部以南から鹿児島県まで、中国では長江以南で生育する。

特徴：日本で最大のタケで、稈の先端部は湾曲する。稈長は20m前後、平均胸高直径12cm前後で、枝の第1節間は中実で空洞がない。また発生後1〜2年間は節の下方部に沿ってワックス状の白い粉が明瞭についている。木質部は厚いが弾力性は少ない。葉は小さくて多い。皮は厚くて粗毛が多いために殆ど利用されない。種子の発芽率はマダケより高いが数％に過ぎない。

利用：タケノコは大きくて柔らかいために生鮮食品とする。稈は堅く、建築材として利用できるが、弾力性に欠けるため細工用には不適である。集成材、竹炭、衣類、製紙などの工業製品の原料として用いられる。

ハチク（*Phy. nigra var. henonis* Stapf）

分布：日本、中国。耐寒性が多少あるため北海道南部、北陸・山陰地方などの日本海側に多い。

特徴：肩毛の数は少なく、やや緑色。稈はマダケによく似た形態をしているが稈の表面が蠟質状の物質に覆われているために白っぽく見える。葉は披針形でマダケに類似している。皮はやや赤褐色で斑点はなく、タケノコは甘味がある。枝は細く、節間がマダケより幾分短く、葉は細い。枝の第1節間に空洞なし。

利用：小さな維管束が多数表皮近くに分布しているために細く割ることができることから茶筅の材料とする。

クロチク（*Phy. nigra* Munro）

分布：中国原産で耐寒性があるため日本国内の各地で栽培される。主産地は和歌山県、高知県、山口県など。

特徴：稈は細く、通直で長さは約3～5m、胸高直径は2～3cmに達する細い中形のタケである。発生年の稈は淡緑色であるが、その後に葉以外は黒色に変わる。節は二重であるが、上側は凸状である。葉は小形で繊細。皮は薄く紙質。立竹本数は2万～3万本／ha、利用伐採は2年生。

利用：下地窓、はたきの柄、筆軸などのほか造園の植え込み、穂垣などに利用する。

ホテイチク（*Phy. aurea* Carr. Ex Riv. Et C）

分布：日本、中国、世界の温帯性気候域でよく育っている。

特徴：中形のタケで、平均胸高直径3～4cm。稈の下方部にある10～20節程度が互いに近接し合って異常な形態を示す部分から上方部は急に細くなるため、稈長は5～6mと短い。節間の短い部分の位置や数がまちまちであることから九州では五三竹（ごさんちく）と呼ばれることが多い。皮は無毛で薄褐色、斑紋はない。

利用：稈は乾燥すれば堅くなることから異常な寄り節を釣り竿のグリップ部分や杖として使う。タケノコは柔らかく美味であるが、意外と知られていない。

節間が異なるホテイチク　　　　　　　庭園などに植栽されるトウチク

トウチク属（Genus Sinobambusa）

　長い地下茎を持ち、単軸分岐をする。稈は中形で長さは5m程度まで、胸高直径も3cmほどで短い。ただ節間長は60〜80cmになる。節からの分枝は3〜4本と多いが、剪定するとさらに多く分岐するという特徴がある。節の下側は線状であるが上側は大きく隆起し、新生時には長毛を密生している。葉は平行脈の他に横の小脈も発達していて格子目状となる。日本には1属、1種、3品種があるが、スズコナリヒラはトウチク属の1品種である。

トウチク（*Sinobambusa tootsik*　Makino）

　分布：関西以西で栽培されていることが多い。
　特徴：稈長は6〜80m、胸高直径2〜4cmの中形のタケで、節高な形をしている。枝は各節から3〜5本分枝するが、剪定によってより多く分枝させることができる。葉は大小さまざまであるが、その多くは十数cmになり、観賞に耐える。タケノコは秋に発生する。
　利用：枝を根元から剪定して葉を叢生させ、さらに稈の上部を剪定して多くの葉を生育させることにより、路地の通路脇に植栽するか庭園内に植栽する。品種のスズコナリヒラは葉や稈に黄白色の縦縞が入るため

庭園用として好まれる。

シホウチク属（Genus Tetragonocalamus）

単軸分岐して地下茎を長く伸ばすため散稈状となる。稈が四角になっているためにこの名前がつけられた。下方部の節の周囲に堅い気根をつけているのも特徴の一つである。稈の内部は空洞で、中形の大きさを示し、形状はトウチクに類似している。タケノコは秋に出て、成竹後、細長い葉を多くつける。庭園内に植栽されることが多く、日本に1属、1種、2変種がある。

シホウチク（*Tetragonocalamus angulatus* Nakai）

分布：関東以西で造園用として栽培している。
特徴：稈は通直で長さ4～5m、平均胸高直径3～4cmになる。稈は多少丸みを帯びた方形であるが、内部の空洞壁は円形になっている。稈の表面はざらつき、発生後数年を経ると退色して美しさがなくなる。稈の基部近くには堅く尖った気根が節の周囲に多数見られる。葉は細長く狭披針形で長さ17～18cmになり、垂れ下がった状態になる。タケノコは秋に発生する。
利用：通路脇や坪庭として造園用に植栽されることが多い。タケノコを食用とすることは可能であるが、生育地が少ないために一般に知られていない。

温帯性タケ類の栽培

　温帯性タケ類の主要生育地に日本や中国が含まれていたこともあって数世紀前から栽培林が各地に存在している。そこでは地域の自然環境に応じた伝統的な管理方法が作出され、今もって継続されているので、それらの作業を集約するとともに、昨今各地で見られる拡大林や放任地を改修する手法をも検討しつつ、今後の育成上の参考になればとの思いもあって既存林の整備、薪炭林への誘導、新植林の作り方などについても述べることとした。

既存林の整備と管理

　これまでタケ林の整備や管理が行われてきたのは、いずれも高品質で優れた製品を産することのできる素材提供という、利用上の目的に対応するためであった。このため竹材生産では材質が重要であったが、タケノコ生産では味覚と生産量に重点が置かれた管理方法が重要視されてきたといえる。したがって、ここではモウソウチク林やマダケ林を中心に、これまで行われてきた管理方法をも頭に描きながら、より進歩した実践的な管理方法を述べることにする。

モウソウチク材生産林の整備と管理

　永年にわたってモウソウチクを経営林として整備し、管理してきたのは、竹材（稈）そのものが大形であり、かつ理化学的な性質はタケでありながら木材の代替として活用できることに目標を置いて行われてき

モウソウチクの竹材林

た。たとえばモウソウチクの大きな形状は、タケにとって貴重な木質部が多いことや、強靭さと、幾分かは木材よりも曲げやすい点を応用することで建築材の支柱や大割りして必要な場所の部材とすることが多かった。ただ、竹材の中ではその繊細さにおいてマダケを越すことができないことから、花器や果物籠のように緻密な加工を施す必要のない細工物として利用していた。

ところが、最近になってモウソウチクがバイオマス利用や繊維および炭化製品の原材料として有用視されるようになってきたために、量的生産に加えて材質の問題も考えなければならない状態になってきたのである。こうした点は、モウソウチクの特性が以前とは違った角度から見直されるようになりつつあるということができる。昨今の拡大放任タケ林をいつまでも放置しておくことは、有用資源を眠らせているだけでなく、放棄または廃棄しているともいえるのではないだろうか。幸いなことに、こうした竹材生産を目的とする林地では、概して管理に余分な労力や手をかけない粗放栽培によって経営できることを知っておく必要がある。以下に関西周辺の気候条件を基準とした既存モウソウチク竹材生産林での取り扱い手順を述べることにする。

管理手順

2月下旬～3月上旬（発筍前）：病虫被害竹や枯損竹を地際（根元）から伐採する。これらのタケは林外に持ち出しても利用価値がないため、チップ状の小片として林内に散布もしくは放置することで腐植・分解させて土壌に還元する。

3月下旬～5月上旬（タケノコの発生期間）：タケノコの発生は地表面の温度が10℃に達する3月下旬から4月中旬頃と見なされるので、親

竹として残すべきタケノコは配置が分散的（ランダム）になるように考えつつ、自家消費用のタケノコ採取は僅かずつ何回かに分けて掘るにとどめる。この場合の考え方として、前年もしくは2年前に発生したタケに近接して発生しているタケノコやタケノコ同士が隣接しあっているものは、遅く出てきたタケノコを除くようにする。採取する数はタケノコ全体の1／5程度とし、タケノコの鞘片（タケの皮の先端部）から水滴を垂らしていないものを選ぶこと。

6月（稈の成長完了時期）：2～3年に一度のペースでタケノコの成長が終わったこの頃に年間施肥量の1／2量（標準的には年間施肥量50kg／0.1haを3要素含有化成肥料N：P：K＝2：2：1で施与し、チッソ量を多く施与しないこと）を散布する。チッソ過多はタケノコの発生や成長には効果が期待できるが、稈や枝の材質を柔らかくしやすい。

6月後半～10月下旬（地下茎の成長期）：稈の成長が終了する6月中旬から10月下旬頃までは地下茎の成長期間である。この間に雑草が生えてくれば除草を2回程度行う。

11月～2月（成長休止期）：この時期に稈の主伐採を行うとともに本数整理を行う。伐竹が終了すれば年間施肥量の1／2量を施与する。なお、タケでは稈や地下茎の成長休止期間中は貯蔵澱粉として蓄えられている養分が、成長期間中にそれらを多糖類に変えて生育に利用するため、春季に伐採した稈は虫害を受けやすいだけでなく、含水量も多く軟弱で、竹材としての利用価値は低い。したがって竹材として利用するには非成長期であるこの時期に稈を伐採することが鉄則である。

伐竹剪定と本数管理

竹材生産林で最も重要なことは単位面積当たりの本数管理にあるので以下のことに注意する。

〈伐採竹の選定順序〉

発筍期前の枯損竹などの伐採以後、新たに生じた枯損竹、病虫被害竹、5年生以上の古いタケなどの伐採を優先し、次いで相隣接しているタケで形状の悪いもの、細いものを伐採する。その後、管理本数を考えなが

ら4～5年生の健全竹を伐採して利用する。利用目的に応じて3年生のタケを伐採することも可能である。最終的に林内にタケがバランスよく配置されるようにする。一旦このような整備が完了すればその後の管理は翌年以降も同様な方法を繰り返すだけで、あまり労力を投入する必要はない。ただ、経営目的によって以下のような伐竹選定も可能である。

①生態的伐竹選定：林分の蓄積量（タケの容量を単位面積あたりどれだけ蓄えておくかという量）を常に一定にするために、発生本数と伐採本数の生産量を毎年同一にさせる。林地保全型の選定方法といえる。

②生理的伐竹選定：光合成が盛んで養分吸収や蓄積が旺盛な2～3年生の若いタケを常に残しておく選定方法で、①と同様に持続的生産や林地保全型の選定方法である。

③工芸的伐竹選定：タケを工芸品や細工物の材料にするためのもので3～4年生の加工しやすい稈や利用目的に沿った稈を優先的に伐採する方法である。

〈本数管理〉

標準目標が平均直径10cmでは6,000～6,500本／ha（ただし、平均直径が太い場合は立竹本数を減らし、細ければ増やす配慮が必要）とする。正式には本数密度管理曲線を求めることで場所ごとの仕立て本数を求めることができる。

マダケ竹材生産林の整備と管理

マダケが最も有用視されるのは形状が通直で節間長が直径に比べて長いこと、物理的には弾力性が強く、強靭で曲げ物や編み物の加工をしやすいという特性があるからで、工芸品、家具、道具類、楽器、日用雑貨、建築の内装材などとして広く利用されている。

竹材林としての経営面では、モウソウチクの場合と同様に粗放的な管理を行うのが一般的である。したがってモウソウチクと同様の作業については省略する。

3月下旬～4月上旬（未発筍期）：タケノコの発生は地表面の温度が

12℃に達すると始まるので、モウソウチクに比べるとほぼ1カ月遅れた5月中旬頃と考えてよい。したがって3月下旬から4月上旬にかけて病虫被害竹や枯損竹を伐採する。いずれも利用価値に欠けるため、小片にして林内に放棄しておけば、微生物や分解菌によって土壌に還元される。

5月上旬～6月下旬（タケノコの成長期）：タケノコが発生するとほぼ60日後に成長を終えるので、6月の後半に2～3年に一度、年間施肥量（3要素配合の化成肥料として40～50kg／0.1haあたり）の1／2量を施与する。マダケの場合はモウソウチク以上にチッソ過多にならないように注意する。

マダケの竹材林

7月～10月末（地下茎の成長期間）：初夏になると雑草が繁茂してくるので除草を9月末までに2回程度行う。

11月～2月（成長休止期間）：地下茎の成長も11月に入ると終了するため、モウソウチクと同じ要領で整理伐採を実施する。伐採竹の優先順位はモウソウチクと同様であるが、マダケはモウソウチクよりも概して稈が細く、したがって単位面積あたりの立竹本数は多くなり、平均直径8cmの場合は10,000本／ha、平均直径8cm以上なら8,000～8,500本／haを目標とする。

マダケは加工用の原材料として使われ、主に3～4年生のタケを伐採することが多い。搬出に際しては表皮を傷つけないように丁寧に運搬することが大切である。肥料に関しては春季に散布した際に残った肥料（1／2量）を春季と同様に2～3年に1回伐採後に撒布する。

モウソウチクタケノコ畑の整備と管理

タケノコは生鮮食品としてだけでなく、水煮缶詰や塩漬け食品として

モウソウチクのタケノコ畑林

保存が可能なために一年中食べることができる。食味からいうと、モウソウチク以上においしい種類はいくつもあるが、食用タケノコの80％余りをモウソウチクが占めているのは、形状が大きく、柔らかで甘味があり、食感が良いためだけでなく、料理次第では和食にも洋食にも適するからであろう。ただ、竹材生産林に比べて数多くの作業を加えることで、より持ち味の高いタケノコを生産することができるために集約的な生産管理を施す必要がある。すなわち、作業の開始は収穫前年末から始まることになる。以下、良質タケノコを生産する上での林地整備と管理法について述べる。

11月～12月（休眠期）：竹材林では11月以降は稈の伐採だけが残された作業であるが、タケノコ栽培地では林地一面に土壌が見えない程度まで稲藁を敷き詰めて1カ月前後風雨に曝しておく。可能なら敷藁作業の前に土壌の表面を鍬で軽く耕す、いわゆる中耕を実施するのがよい。12月に入ると多少粘土分を含む透水性のある粘性土壌を周辺地より運び込み、前月に敷き詰めた藁が見えなくなる程度までその土壌で覆うように散布する。この作業は新しい土壌を上乗せすることで藁を早期に腐植させて既存の土壌に通気性を与え、あわせて膨軟な土壌に仕上げることにより、柔らかくてうま味のある上質タケノコが生産できる基礎を作るものである。また、この作業を行うことによって発筍状況やその位置を早く見つけることができるのもメリットである。ただ、こうした作業は、かなり重労働ということは否めない。

2月中旬～下旬（発筍前作業）：病虫被害竹、枯損竹の伐採を行って林内整備をするとともに、伐採竹はチップ状に細く割って林内に散布するか林外に持ち出す。施肥はその後に実施するが、施肥量は年間施肥量

の1／4（年間施与量は化成肥料で50〜60kg／0.1haで、チッソ分は燐酸分より20％程度多くてもよい）を施与する。

　3月下旬〜5月中旬（発筍期間）：タケノコの発生期間であるが、収穫の際は発生初期に次年度以降の親竹とするためのタケノコをランダム状に30本／0.1ha前後は残すようにして残余分は収穫する。この期間の後半でも30本／0.1ha前後残すように考え、その他のものを収穫する。次年度のタケノコの発生を促すために「うら止め（梢切り）」と称してタケノコの皮（稈鞘）が殆ど脱落し、枝を伸ばす頃に稈を振動させて先端部を衝撃で切除する作業を行うことがある。この行為によって稈の上方部分の枝葉は減少するものの、クロロフィルの含有量の多い葉を再生し、太陽の透過光が増すことで地温を早く上昇させることができるため、経営者によってはタケノコ採取林で取り入れる一種の技術的作業といえる。ほぼ新竹の生育が終了したのを確認して施肥を行う。施肥量は全体の1／2量である。

　7月〜9月（地下茎の成長期間）：タケノコ採取林は林内が明るいために雑草が繁茂しやすく、この期間中適宜刈り払う必要がある。旱魃の年は灌水することができれば実行することで翌年のタケノコ生産には効果がある。

　11月上旬（休眠期）：過密になっているタケの中から病虫被害竹、枯損竹、隣接竹（古いほう）、老齢竹の順に伐採して最終的に4,000本／haにする。ここでは伐採されたタケは施肥が行われていることや「うら止め」されていることもあって、良竹としての利用はできない。とくに高度利用できる竹炭用の原材料としては適していない。伐採後に肥料の残余分（全体の1／4量）を散布する。

モウソウチク製炭材用林の整備と管理

　これまで竹炭や竹酢液の原材料として使われる稈の素材吟味が十分に行われてきたとは言い難い状態にあった。しかし炭化窯や炭化温度などの違いによって炭の優劣が生じることは当然としても、それ以外に原材

料としてのタケそのものにも原因があることが明らかになってきた。すなわち竹炭が単に消臭、調湿、防菌、土壌改良、水質浄化などだけでなく薬用、化粧品、食品用添加物などへと利用範囲が多様化され、農業や工業にも広く応用されるようになってくると、必然的に炭化用材料林としての育成を行わなければならない状況下に立ち至ってきたといえるのである。そこで、以下に炭化用林としての管理法の在り方を述べることとする。ただしモウソウチクが製炭材料としてよく利用されることから、ここではモウソウチクを対象として解説する。

　基本的には製炭用林における管理の在り方は竹材生産林に準拠すればよいのであるが、とくに生産地と伐採竹の選定に注意が必要であり、管理そのものは極めて粗放な取り扱いのみで済すことを考えるべきである。すなわち、タケの生育地に関しては、①谷筋や水捌けの良くない多湿地のタケは適さないことである。これは稈の含水量が多いため軟弱で、乾燥に時間を要することによる。②施肥が行われている林地のタケは適さないということができる。炭化材料としてはなるべく堅い材料がよく、施肥によって育ったタケは無施肥のものに比べて材質が軟らかいのである。③タケノコ栽培地の親竹は不適である。これは施肥を行っていることもあるが、太陽光をよく受けて育っているからである。④強い西日が当たる場所のタケはなるべく避ける。これは炭化するにあたって焼けむらができやすいからである。以上のことを纏めると、丘陵地では尾根から斜面にかけて生育している4〜5年生の硬いタケを秋季から冬季に伐採することと、林内には散光が入る程度の間隔がよいことから本数管理はモウソウチクで平均直径10cmなら6,000本／ha、マダケでは平均直径8cmで9,000本／haを目標とするのがよい。

植栽地の整備と管理

植栽地の選定と種類

新しく植栽によってタケ林を育成する上で生育地として好ましい土地はなだらかな丘陵地または平坦地である。緩やかな斜面の場合は中腹より下部に植栽する。これは地下茎が伸長する際に斜面を登るという特性を持っているからである。次に土壌であるが、モウソウチクのタケノコ採取林地を造成する場合は透水性のある弱度の粘土質土壌が適し、竹材林を目的にする際は透水性のある壌土質の土壌が適している。これに対してマダケは河川敷の砂質壌土や堆積土壌が好ましい。

植栽苗の取り扱い

　温帯性タケ類であるモウソウチクやマダケの植栽苗は株分け苗が一般的であるが、実生苗によることもできる。

　株分けによる苗作り：本来、温帯性タケ類では健全な芽子と根毛がついている地下茎の2～3年生の部分を、モウソウチクでは70cm余り、マダケでは50cm程度の長さに切り取って新植地に植え付けるのであるが、このままでは新稈の生育が遅いので地下茎の中央部分からやや先端部付近に親竹を1本つけておくのがよい。この場合の親竹は低位置（地上2m以下）に数本の葉つきの枝があることが大切で、葉の同化作用による養分補給が地下茎を伸ばし、タケノコを発生させるために大きな役割を果たすことになる。この株分け苗は親竹の遺伝子をそのまま受け継ぐのでクローンということになる。

　実生苗による苗作り：実生苗は開花後に稔性のある種子が得られたなら直ぐ発芽床に取り蒔きをする。夏から秋にかけての暖かい頃なら2週間あれば発芽する。初期の苗は株立ちのササのように稈も葉も小さいが、成長を終えるたびに萌芽状に少しずつ何度も発筍を繰り返しては大きなササ状の葉をつけて成長し、その都度大きな稈へと更新する。更新を5回ほど繰り返した頃になって初めて細い地下茎を伸ばすようになる。ほぼ1年経過した頃には、葉は本来のモウソウチクやマダケと同様の大きさになり、稈長も40～50cmに達するので植栽地に定植することができる。その後は栄養生殖によって毎年新しい地下茎を伸ばし、また毎年タ

ケノコを発生するようになる。林分状態に広がるには八～十数年を要する。実生苗によるものは雑種であり、地下茎を分株した苗よりも成林するまでにより長い年月を必要とする。

植栽時期と方法

植栽はいずれの場合も秋から翌年3月頃までに行うが、厳寒の1～2月頃は避けたほうがよい。ただ、株分けの場合、地下茎を掘り上げる際に土が多く付着しているなら梅雨の時期でも可能である。通常は地下茎の位置が地下40cmになる深さに静置して土で埋め戻すか泥土状にした土の中に埋める。いずれも粉砕した竹炭や堆肥などを前もって土と混ぜておくのがよい。発芽は翌年以降であるが、60本／0.1haの植栽を行っておいても成林するのに10年近くを要する。成林後の管理は上述した目的に応じた既存林の管理方法に準じて取り扱っていけばよい。

保育と管理

毎年新しい稈が発生してくるが、最初の2年間は細いタケでも伐採せずに全てを育成し、葉がなるべく多くつくように心掛ける。その一環として稈の上部を切り落とす「うら止め」作業を行えばクロロフィル含量の多い葉の再生を可能にすることができる。3年目頃から毎年発生する稈の中で細いものを伐採して本数整理を始めるようにする。生育を促進させるためには毎年林地施肥を行うのもよいが、基本的にはタケノコの発生後もしくは伐採後とし、神経質になる必要はない。ある程度稈の本数が得られれば既存林の管理方針に従って保育すれば十分である。

放置・拡大林の整備と管理

21世紀入ってから多くの里山で問題になっているのが、放任状態に置かれ拡大してきたタケ林の問題である。もともとタケ林は無性繁殖によって毎年タケノコが発生し、増殖するだけに、持続的再生可能な資源

だという点において、これほど優れた素材は他に見出せないと言えよう。それだけに国内固有の天然資源の乏しい日本でこそ大切に取り扱い、活用しなければならない資源なのである。

放置・拡大林の動向

　もともと里山で育てられていたタケ林は、農家の人たちが農作業用に使用するための資材や、農閑期に農工具、雑貨品などの小物を作って自分自身で利用するために植えたものであった。器用な人たちにとっては竹細工に加工して販売することで、ささやかな日銭稼ぎもできる材料としても価値のある植物であった。その上、モウソウチクのタケノコは旬の食物として食用にまで供することのできる重宝なものであった。

　しかしながら、農業政策の変換が進められていくに従って減反政策がとられるようになると、次第に田畑を休耕せざるを得なくなり、休耕、放棄地が増加していった。同様に日常生活や社会情勢の移り変わりやプラスチック製品の台頭もあって、タケの利用が急速に低迷してくると、生産管理を行う農家も次第に減っていったのである。

　その最大の理由は、それまでタケ林そのものは竹林所有者のものであったが、竹材の売買契約が完了すると、それ以後、タケの伐採については昔から「切り子」と呼ばれていた下請け業者が請け負っていたのである。したがって、一度、タケが売れなくなると所有者が広い面積を自分の家族だけで伐採まで取り扱う羽目になり、面積が広ければ広いだけ自力で伐採することは不可能といわざるを得なくなってしまったのである。しかも高齢化社会がそこにのしかかっていたので余計に実行できなくなったというのが現実であった。一方、タケ自体は栄養生殖を繰り返すことから毎年タケノコが発生するために単位面積あたりの本数密度が年々増すのと同時に、発生後7～8年を経過した老齢竹林では枯損竹や倒竹なども生じて、不手入れが数年も続けば、とても林内に立ち入ることができないほど過密な林分となってしまうのである。

　タケは生態上、光や水分の要求度が意外と大きな植物であり、かつ森

モウソウチクの放置竹林

林土壌よりも酸度の高い土壌でも生育できることから、地下茎がこうした都合のよい条件に合った方向に侵出していくようになるのである。隣接の田畑や低木の人工林でこうした条件が整っているところは多く、短期間にタケが成長して枝葉を広げ、低木林層への太陽光の透過を妨げるようになってしまうと、それらの樹木の生育が阻害されて、やがてはタケの単純林相となる公算が大きいのである。マダケ林とモウソウチク林とが隣り合っていても高さで優っているモウソウチクがマダケを駆逐してしまうほどである。このようにして過去二十数年間で拡大竹林面積は管理面積のほぼ2倍近くになっているというのが実態である。

放置・拡大林の整備と管理

放置林で最初に行うことは、タケノコの発生前に全ての枯損竹を伐採することである。これはタケノコの生育中を除けばどの時期に行ってもよい。とくに枯死竹は硬くなっていて伐採に手間がかかるが、できるだけ低位置で伐ることである。地上に突き出た状態で伐っておくと後日の伐採や搬出作業の妨げになるからである。第2は林地全体にタケがランダムに残されているようにするために、近接しているタケや細いタケを除去する。こうした手順によって林地全体が正常な稈で構成されていることを確認してから、モウソウチク林では竹材生産林にするのかタケノコ生産林にするのか、あるいはその他の目的に利用するのかを決めれば、その目的に応じた管理方法が導入できる。その後は既存林の管理方法に倣って整備作業を行えばよい。他の種についても同様である。

それにしても放任地では面積あたりの生産量が管理されているタケ林よりも多いように一見は見えるが、それは長年の発生本数が蓄積されて

過密になっているからであり、実際の年生産量は管理地に比べると放任地のほうが低いので、資源林として利用するには林地の整備と管理を欠かすことができないといえる。

タケ林としての育成

地下茎が新しい土地に侵出して拡大し始めた場所では翌年以降、多数のタケノコを発生するが、概して細いものが多く、生産性は低い。この土地を有用林に誘導するには細いタケを間伐して本数を減らすことが必要で、むしろ中径級以上の稈を仕立てて多くの葉を茂らせることによって同化作用を促進させることが大切である。初期における施肥は効果的で、タケノコの発生終了前に年間施肥量の１／２、晩夏頃に残量を撒くことである。２年次からは次第に太いタケが増してくるので、細いものを淘汰、除去して太いタケを残すようにする。５年次に達すると老齢の５年生以上のタケは全て伐採するとともに３年以上のものも利用目的に応じて伐採する。これ以降の管理は上記したマニュアルに従って施業していけばよい。

このようにして将来、竹材林、タケノコ畑といった経済林として造成できるのは緩やかな傾斜地、低山帯であり、傾斜度25度以上の斜面では保全林として数年に一度、強度の伐採を行って若齢のタケを残し、伐採したものは林内から持ち出さずに斜面に平行に倒しておき、自然に分解させて地域全体に保安林機能を持たせることである。

拡大阻止の対応

田畑に侵出したタケ林は阻止すべき場所に深さ60cmまでコンクリート、ブロック、畦シートといった遮蔽物を埋め込み、地上部は約20cmほど飛び出しているようにしておくと地下茎の侵出を阻止しやすい。ただ、継ぎ目に隙間ができないようにしておくことが肝心である。

また、すでに休耕地内に地下茎が侵出してタケノコを発生している状態のところでは、タケノコは地下茎の侵出後１年半を経て発生してくるので深さ60cm、幅20〜30cmの溝を掘るか上記のような遮蔽物を作っておいてから、すでに越境しているタケノコや稈を伐採する。タケノコが

発生しなくなるまでの数年間は伐採を繰り返す必要がある。この際、どんなに小さくても葉をつけている程は残さずに伐り取ることが大切である。葉を残しておくと同化作用によって養分補給が継続されるので、最も注意しなければならないことといえる。多くの事例でも完全にタケを排除できないのは、こうした手抜きによる失敗が原因である。

今後のタケ林の保全管理

全国的な課題として10万ha余りの放置竹林を短期間に整備するのは容易なことではないので、地形や土壌条件などからいくつかに分けて対策を立てることを考えるべきである。

①資源生産林

低山帯で見られる平坦地もしくは緩傾斜地に位置している場所でのタケ林においては人手を加えやすいことから、資源生産林と位置づけた育成と管理を行う。その一つは竹材生産林であり、他はタケノコ生産畑としての経営林で、いずれも竹林業の経営を行う林地として管理する。

②環境林

①よりも奥地もしくは高地に位置し、傾斜度がやや強い20～25度で、新たに侵出してできたタケ林地や造林地に侵入して樹林とタケとの混交状態にある場所では、将来タケ林にするか樹林にするかの管理方針を立てる。タケ林には将来の竹材搬出道を設置することが求められる。この林道は林内ウオーキング用も兼ねたものとして遊歩道として利用する。

③保安林

傾斜度25度以上の急傾斜地もしくは岩石地に入り込んでいるタケ林では経営林的な管理は行わないで、水源涵養、落石防止などの保安機能を持たせる地域と位置づけて、隔年ごとに林内整備を目的としたタケの伐採を行う。枯損竹、5年生以上の健全竹を含めて伐採を行うが、どのタケも林外搬出を行わずに現地で処理することとする。

温帯性タケ林の利・活用

われわれが昔のことを学ぶ手掛かりとしては今も残されている古い書物や遺物によって知識を得ることである。しかし、文化となると必ずしも形として残されているとは限らず、祭事や地域住民のしきたりとして伝承されているものも多く、なかには無形文化財として各地で個々の人が関わっている踊りや行事そのものが保存されている場合もある。それらのなかには家庭で使われていた道具だったり、またある時は民具として共同で利用されてきたものも含まれている。

とくに注目されるのは生きているタケそのものだけでなく、加工材料として使われている竹が意外とこうした文化と関わっていることが多いのである。タケや竹が日本人の心の中でこのように深く根づいているのは、上は神の「依り代」としての利用から、民衆の喜怒哀楽に関わる日常生活の中に解け込んだ幅広い利用を経て、下は子供の玩具に至るまでごく身近なところに存在していたという親密感があったからに違いない。

歴史的背景と竹利用

わが国の歴史は古事記や日本書紀によって神代の頃の記録が残されているが、そこには早くもタケに関する記述があることから、当時すでにタケが生育していて、しかもそれが利用されていたのがわかるのである。

神代（〜 B.C.500）

わが国の歴史ではイザナキノミコトがイザナミノミコトと結婚して子

を産む（神話では国土を産むこと）が、火神を生んだところでイザナミノミコトが亡くなってしまう。日本の国作りを完成させるためにイザナキは彼女を迎えに黄泉の国へ行ったところ、日本の国へ帰れるか黄泉の神に相談するので、その間は決して御殿内を覗かないで待っていてほしいと言われたにも拘らずイザナキは約束を破り、そこに横たわっていたむごたらしい姿の彼女を見たのである。イザナミは怒り、逃げるイザナキを魔女が追いかけてきた時、自分が挿していた神聖な爪櫛の歯を折って投げつけるとタケノコが生え、これを魔女が食べている間に逃げたと古事記に書かれている。

このほかアメノウズメノミコトが天の岩屋戸の前でササの葉を持って踊ったとか、コノハナサクヤヒメが皇子を生んだ際に竹刀で臍の緒を切り、この竹刀を土に挿したところ逆さタケが生えたと記されている。

これらは書籍に書かれているわが国における最初の竹利用だということになる。ただこれらは神話であって現代の科学からは説明できないことも存在している。

原始時代（B.C.500～A.D.200）

大和時代前半の頃は縄文・弥生・古墳文化が作られたが、弥生時代後期になって鉄器の使用が始まると竹細工も幾分繊細なものが作られるようになり、筌（うけ）が福岡県春日市にある辻田遺跡から出土している。そこには竹細工に使ったと見られるササ類やタケ類の叢があったようで、竹割りに刃物が使われたと見られている。その理由は大阪府八尾市の山家遺跡で出土している弥生前期の筌は茅でできたものであり、奈良県田原本町の箕（み）も同時期のものは蔓生だったからだといわれている。縄文前期の籠や櫛にササ類が使われていたかは確かでないが、古事記や日本書紀にはタケの記事が残っている。縄文時代にはすでにタケノコが食べられていたことも明らかで、弥生時代後期には各地でも竹製の筌、笊（ざる）、箕などが見つかっている。

古代（A.D.300～1200）

大和時代後半から平安時代末期までを古代といい、古墳・飛鳥・天平・

第2部　温帯性タケ類の姿

長岡京時代（京都府）の兵舎跡から発掘された水路用䉤（マダケ）

藤原文化が残っている。この時代の権力者は大伴、物部、蘇我などの氏族が勃興し、天皇や藤原氏も登場してくることになる。古墳時代後期以降には高度な六つ目編みの籠の他に竹櫛が山形市の漆山遺跡、大阪府高槻市の土保山遺跡、その他で出土している。奈良時代になると唐より仏教の伝来が盛んに行われるようになるにつれて多種の竹製品が持ち込まれたことは正倉院に保存されている筆軸（ハチク製）、生花用の竹籠（華籠（けご）という。マダケ製）、簾（すだれ）、竹鞘（ハチク製）、貝匙の柄、竹箱、笙（しょう）、尺八、横笛などの楽器類、武具（矢）などから知ることができる。平安時代には剣術、弓術などの武道用具、生活用道具なども作られ、その名残りの竹屋町という町名が今も京都に残っている。

中世（A.D.1200～1550）

政治の中心は鎌倉から室町時代へと移り、それぞれの時代に藤原後期・鎌倉・室町文化ができて、その権力者は北条に始まって足利幕府へと引き継がれていく。前半は栄華な時代で、後半からは寺院建築が盛んに行

われたものの権力争いのために戦乱の時代へと変わってしまったのである。しかし同時に禅宗の寺院では茶道文化が始まり、室町時代には庶民の間で生け花が普及し、これが華道へと発展することになる。いずれも道具類には神聖で清潔感のある竹製のものが使われることになり、茶道や華道などの文化が京都に定着することになる。

近世（A.D.1550～1850）

　政治の所在は安土・桃山から江戸へと移るが、同時に桃山・江戸文化が開かれ、権力者は織田から豊臣、徳川幕府へと移っていくことになる。それぞれの権力者が個性的で施政の違いが大きく、権力のための国取り合戦が続くことになる。世の中が落ち着いたのは江戸時代になってからで、生活用品の多くが竹製品で賄われた時代でもあった。

近代・現代（A.D.1850～）

　江戸から東京へと名前が変わっただけでなく、文化も明治・大正から昭和・平成へと進むにつれて大きく様変わりし、この間、常に東京が西洋化に向かって流行の先端を走っていた。伝統的な竹産業としての武道、剣道、茶道、華道という四道は京都市、工芸的な竹細工の中心は大分県別府市という具合に分かれはしたが、特殊な伝統産業としての生産品は地方に存在していた文化を支えるものとして分散することになった。それにしても日本人の生活態様が急速に変わったのは1945年以降であり、竹製品が追われるように家庭から消えていったのはマダケの開花が全国的に広がった1960年頃からで、それ以来、石油製品の副産物としてのプラスチック製品の進出と、これに相反する家内工業レベルにある竹製品の非生産性と生産コストの高騰問題が弊害になっていったことは否定できないところである。

稈の特徴と利用

　竹の原形は、①稈の表面が平滑で硬く、節間長は規則性を保ちながら水平に位置する節によって間隔を保っている。②稈は全体に緑色のクロ

ロフィルによって覆われている。③節間内は中空（空洞）であるため容積の割に軽いという特徴を持っている。しかしながら品種や変種には、①稈の色彩が異なるもの、②節間の異常なもの、③文様（斑紋）のあるもの、などがあり、それらが製品に生かされて使われていて、その多くは化粧柱、インテリア、家具などになっている。

特徴の利用

①色彩が異なるタケ
黒褐色：クロチク
赤色：チゴカンチク
黄金色：キンメイチク（芽溝部が緑色）、オオゴンチク（緑の縦縞）、オオゴンホテイ、スホウチク、スズコナリヒラ、キンメイモウソウ（緑の縦縞）、オオゴンモウソウ
緑色：ギンメイチク（芽溝部が黄色）、ギンメイモウソウ（黄色の縦縞）、メグロチク（芽溝部が黒色）、ただし、ここでは稈全体が緑色をした通常のタケは除く。

②斑紋のあるタケ
ウンモンチク、トサトラフダケ、タンバハンチク

③縦縞のあるタケ
スホウチク（緑の縦縞）、キンメイチク（芽溝部が緑色）、ギンメイチク（芽溝部が黄金色）

④異形を示すタケ
キッコウチク（節部が亀の甲状）、ホテイチクまたはコサンチク（下部にある数節が寄り合う）、ラッキョウヤダケまたはラッキョウチク（節の上部がラッキョウ形）、ムツオレダケ（上下の節がツイスト）、シボチク（節間部に皺）、シホウチク（稈が方形状）、ダイフクチク（節間が短く、各節が凸状）

⑤その他
変種や品種には多くのものがあるが省略。

理化学性の利用

　タケの木質部分の横断面を見ると薄壁細胞からなる柔細胞があり、その中を充填するかのように厚壁細胞の維管束が幾何学的に分布している。これらは縦方向に繋がっていて繊維を強化する構造を作っている。こうしたことから、曲げの強さはモウソウチクでスギの2.2倍、同様に曲げヤング係数（弾性係数の一つで、垂直方向の応力度と材軸方向のひずみ度との比のこと）は1.7倍であり、マダケではこれらの値はさらに大きくて、それぞれ2.9倍と2.1倍となっている。また、円筒状になっている稈の内皮から表皮に向かっては維管束の大きさが次第に小さくなる反面、その数を増しているので、表皮に近い部分ほど強度性が強くなり、当然のことながら曲げ性能も高くなっている。もっとも、モウソウチクとマダケの維管束の体積率は外皮側や内皮側のいずれであっても変わらないが、マダケのほうが維管束の占める割合が多いことから割裂しやすい性質を持っている。

　その他の理化学性を取り上げると、次のような種で適応しているといえる。

①強靭性（引っ張り強度）：マダケ
②強靭性（外圧）：モウソウチク
③柔軟性（曲げ）：マダケ、チシマザサ、メダケ、スズダケ
④弾力性（戻り）：マダケ、ハチク
⑤割裂性（裂け）：ハチク、マダケ
⑥耐朽性：マダケ、ホテイチク、モウソウチク

化学性に関しては、
含有成分の利用：クマザサ（整腸剤）、ミヤコザサ（飼料）

特徴の複合的利用

①籠類：マダケ、モウソウチク、ハチク、メダケ
②目の粗い籠：メダケ、ヤダケ、ネマガリダケ、モウソウチク

③行李：スズダケ、メダケ、マダケ、ハチク
　④簾（すだれ）：マダケ、ハチク、メダケ、ハコネザサ、カンチク
　以上のように利用されているタケの種類は僅かで、マダケが圧倒的に多い。その理由は強靭で弾力性が大きく、通直性があって細り率が少ない上に節間長が長いという特徴を持っているからである。これに対しモウソウチクは繊維が粗く、節間が短く、強靭性があっても弾力性に乏しいため加工に適さないのである。したがって、建築材の支柱や粗い籠などにしか利用できないが、最近では生産性が大きいため炭化することで利用されている。ハチクは弾力性が劣るが強靭で細く割ることができるので提灯のヒゴや茶筌に利用されている。メダケ、チシマザサ、オカメザサなどはマダケの生育が少ない地方で利用されることが多い。
　なお、マダケの生育している地域の円形底の籠は幅広のヒゴを放射状に重ねて、それに細いヒゴを交差させた菊底にするが、メダケの生育地域では縦横のヒゴを2～3本飛ばしに編むもので網代底（あじろ）と呼んでいる。これは底編みのヒゴが細いため2～3本を合わせて1本として編まれるのである。

用途別の竹製品と種類

生活用品

　武器類：弓……マダケ、矢……ヤダケ、槍……マダケ、ハチク、竹刀……マダケ、ハチク
　家具類：椅子・衝立・棚類……マダケ、モウソウチク、ハチク、ウンモンチク、クロチク、ゴマダケ、ハンチク
　繊維：レーヨン（衣類）……モウソウチク、マダケ、パルプ（和紙・洋紙）……モウソウチク、マダケ
　柄：傘……マダケ、ハチク、ホテイチク、クロチク、シャコタンチク、はたき……ハコネダケ、箒……ハチク、マダケ、クロチク、掛軸……ヤ

ダケ、メダケ
　楽器：笛（縦笛・横笛）……メダケ、ヤダケ、ハンチク、ゴマダケ、尺八……マダケ
　生活用品：笊、籠、箸、スプーン、食器類、その他……モウソウチク、マダケ
　文具類：そろばん、物差し、計算尺……マダケ
　日常用具：扇子・扇・団扇・提灯・簾・物干竿……マダケ
　農具：笊・籠・支柱・竿・配水管……モウソウチク、マダケ
　漁具：筌・笊・生簀……マダケ、モウソウチク
　食品：タケノコ・茶・飼料……モウソウチク、ハチク、チシマザサ、ダイミョウチク
　炭化：竹炭・竹酢液……モウソウチク、マダケ、チシマザサ

伝統文化

　茶道：茶杓、柄杓(ひしゃく)、茶壺、茶托……マダケ、ハチク、モウソウチク、茶筅……ハチク、スズタケ、クロチク
　華道：花入れ、生け籠……モウソウチク、マダケ
　弓道：弓……マダケ、矢……ヤダケ
　剣道：竹刀、胴着……マダケ
　竹ひご：提灯……ハチク、マダケ、ハコネダケ、メダケ、扇子……ハチク、マダケ（ただし親骨はスズタケ、ウンモンチクも使用）、団扇(うちわ)………メダケ、ダイミョウチク、ハコネダケ、マダケ、ウンモンチク、和傘の骨……マダケ、モウソウチク
　額縁……ゴマダケ、ハンチク、マダケ、ウンモンチク
　数寄屋建築：屋内＝天井棹……マダケ、ハチク、メダケ、クロチク、床柱……マダケ、モウソウチク、キッコウチク、窓格子……マダケ、クロチク、カンチク、ハンチク、飾り棚……マダケ、ハチク、モウソウチク、クロチク、ハンチク、屋外＝外壁、濡れ縁……マダケ、壁下地……モウソウチク、マダケ、ハチク、メダケ、水管……マダケ、モウソウチ

ク、垣根……マダケ、ハチク、モウソウチク

継承文化

〈祭事（祭祀用）〉
 ・竹伐り会式：鞍馬寺（京都市）では約1100年前に峯延和尚が寺に現れた大蛇を切った古事にのっとって、近江座（滋賀県）と丹波座（京都府）の2組が両側から大蛇に見立てた太いマダケをどちらが速く伐るかを競い、速く伐ったほうの厄が解かれて、その年は豊作になるという祭りである。
 ・がん封じ竹供養祭：大安寺（奈良市）では光仁天皇（709～781）が竹酔い日に寺を訪れ、竹供養として境内のマダケでかっぽ酒を飲み、長寿を全うされたことから、その酒がん封じにもよいとして例年祭事として酒を振る舞う祭りが行われている。
 ・竿灯まつり：秋田市では国重要無形民俗文化財である竿灯（かんとう）（長さ12mのマダケに64×45cmの提灯46個（もっと小規模の竿灯もある）に灯を点けて何段にも吊るし、50kgの重さのものを一人で担いで歩く住民参加の祭りである。
 ・ねぷた祭：青森市でのこの祭りは七夕祭の灯籠流しの変形と考えられているが、この種の祭りは東北各地でも催されていて、大形の行灯の変形でもあり、もとは祇園祭（京都市）の山鉾に吊るされている提灯に関係しているのではないかともいわれている。市民の夏の楽しみの一つである。
 ・七夕祭（たなばた）：本来の七夕祭は神にささげる織物を織って神を迎えた棚織女（つめ）の話のようであるが、そこに中国から牽牛星と織女星の物語が重なって1370年頃からタケの枝に願い事を書いた短冊を吊るすようになったとのことのようであり、仙台市（宮城県）や平塚市（神奈川県）などで行われている簾流しのものは近頃のものである。現在はどちらも宗教とは関係がなくなっている。
 ・竹灯籠祭：竹田市（大分県）で最近行われるようになったイベント

の一つであるが、数多くのタケを切り、その中に入れた蠟燭に火を点けて道路沿いに並べて灯りを楽しむものである。祭事とは直接関係はない。

建築：屋内、屋外……伝統文化の項で述べた通り数寄屋建築や和風建築で見られる。

庭園：坪庭……クロチク、ホテイチク、メダケ、チゴカンチク、シホウチク、スズコナリヒラ、カンチク

導線……シホウチク、スズコナリヒラ、メダケ

前庭……スズコナリヒラ、シホウチク

垣……金閣寺垣、銀閣寺垣、光悦寺垣、矢来垣、建仁寺垣……マダケ、モウソウチク

食品・その他の利用

食用タケノコの利用

タケノコの種類

タケが食品として利用されるのは通常、地上に稈が現れる前後の短期間の状態のみで、これをタケノコ（タケの子）と呼んでいる。もっとも時間が経過してタケノコが大きく伸びても皮が付着している部分はタケノコと呼ばれるが、皮が離脱して稈がむき出しになった部分はタケということになる。したがって先端部のみがタケノコである場合は「穂先タケノコ」という名称すらあって食用とされている。その典型的な例はマダケで、発生間もないタケノコは苦くて食用には適さないが穂先タケノコは苦味もなく食用に値するのである。日本人が生鮮タケノコといえば誰もがモウソウチクのタケノコのことだと認識しているほどモウソウチクは知名度が高く、旬の食品という場合もモウソウチクのタケノコを指すほどである。

国内に生育しているタケに有毒なものは存在していないにも拘らず、他の種類のタケノコは、なぜ食用として評価されないのであろうか。

第2部　温帯性タケ類の姿

　その理由はいくつもあるが、たとえば、えぐ味が強いこと、硬いこと、味覚として合わないこと、生育地域に限りがあること、生産量が少ないことなどが挙げられる。たとえばモウソウチク以外に食用とされている種類としてダイミョウチク（カンザンチク）、ホテイチク（コサンチク）、ハチク（カラダケ）などがあり、九州地方ではモウソウチクに勝る味覚を持っているタケノコだとして食べられている。ダイミョウチクはリュウキュウチクと同属のササ類で、その他の種類はマダケ属である。また、長野県や東北地方以北の山地に多く生育しているチシマザサ（ネマガリタケ）はモウソウチクが生育できない地方の人たちにとって格好の食用タケノコとして賞味されている。

異常に発生したモウソウチクのタケノコ（鹿児島県）

　この他、秋に発生するカンチクやシホウチクも食用として愛好家の間で重宝されているが、本命は庭園に植栽されて楽しまれている程度である。この点、モウソウチクは一個あたりの大きさだけでなく、関東以西では昔から広く生育していることや食味も悪くないことなどから栽培管理されるに至っているほどである。

タケノコの成分

　タケノコに含まれているミネラルなどの養分は窒素、リン酸、カリ、硫黄、鉄、カルシウム、マグネシウム、アルミニウム、マンガンなどが水溶性の塩として根から吸収され、水分や養分として通道組織である導管を通って稈や地下茎内を移動する。また葉で二酸化炭素と水と光エネルギーによる光合成が行われ、得られた有機養分は同様に師管（篩管とも書く）を通って稈や地下茎に運ばれて貯蔵澱粉やタンパク質として蓄えられる。

　以下については簡単に先に述べたところであるので付加する程度にす

る。

　モウソウチクのタケノコに含まれている成分のうち主要なものは以下のとおりである。

　ビタミンA……目や呼吸器の疾患に役立つ。
　ビタミンB_1……脚気を癒す。
　ビタミンB_2……皮膚炎、舌炎、頭痛、めまいに効果あり。
　ビタミンB_{12}……血球の増加に役立つ（タケノコの先端部に多く含まれている）。
　ビタミンK……解毒作用、止血効果があり、動物も解毒や止血に食べる。チマキザサに多い。
　ビタミンC……壊血病を起こさない。
　ミネラル分……各種。
　シュウ酸……マグネシウム塩として存在。
　ホモゲンチジン酸……シュウ酸とともに、えぐ味のもととなる。
　アミノ酸類……チロシン、イソロイシン、リジン、アルギニン、アスパラギン酸、グルタミン酸、グルシン、その他。この中のチロシンはタケノコの生育が盛んな部分に多く含まれていて、成長が完了した下方部で少なく、リグニンが増える。またチロシンはリグニンの前駆体であり、タケノコを湯がくと白く浮遊してくる成分で、タケノコのうま味に関与すると考えられている。
　キシロオリゴ糖……根元近くに多く含まれていて大腸の働きを良くする。
　成長ホルモン……ジベレリン、オーキシン。
　稈となってからの含有物としては、
　稈や葉の葉緑素……緑色のクロロフィルには脱臭性や抗菌性がある。
　フラボノイド……フェノール物質であり、高級脂肪酸でもあるために抗菌性を持っている。
　ケイ酸……塩として存在し、葉や稈表面の硬化に役立ち、腐食や分解しにくい原因となる。

その他……タケノコの味覚に特有の香りと繊維質を感じさせてくれるものがメンマである。もともと中国南部や台湾などの亜熱帯地方でも生育可能なマチクのタケノコを蒸した後に塩漬けとし、密閉しておくことで発酵させ、その後、縦に割いて天日乾燥して保存したものである。最近はマチクの栽培が鹿児島県でも行われている。

付け加えておきたいのは、生鮮食品としてのタケノコの採取に際しては先端部が地上に現れる前か地上数cm以内の早期に日光を当てることなく掘り上げて保管するのがよい。なぜなら日光が当たると急激にえぐ味の元となるホモゲンチジン酸ができるからである。

この他、うま味の多い良質タケノコの目安は、皮が白っぽいこと、外観でわかる形態はずんぐりした形のものが柔らかいタケノコだといえる。

タケの皮の利用

タケの皮は葉が変形したと考えられていて、葉身（稈鞘）、葉舌、葉耳、肩毛、葉片（鞘片）などに細分化できる付属物よりなっている。これら全体を1枚の皮として利用することもあれば、葉身だけを使うこともある。たとえばモウソウチクの皮は黒褐色で、厚く、柔軟性に欠けており、乾燥すると割れやすいことから殆ど使われることはない。しかし、鹿児島の灰汁巻、石川県白山市の松任駅の丸八あんころ、陀羅尼助（薬）などのように商品の包装用として利用することもある。

マダケの場合は縦に縞状に走る黒褐色の斑点が模様として見えるのが特徴で、皮の質は柔軟で、吸湿性や撥水性があるために通気性が良く、余分な水分をはじき飛ばすだけでなく、防腐や防菌にも優れていることから肉類、鯖寿司、羊羹、浜焼鯛の包装用、木版用の馬簾や数珠玉磨き、漆器の磨き出しなどの研磨用紙、玉笠（山高笠）、菓子容器などとして昔から利用されている。

ハチクの皮は黄褐色で斑点がなく小形であることから笠に利用されてきた他、打撲や捻挫には黒焼きにして米粒と酢で練って貼って使用して

いた。カシロダケの皮は草履表（ぞうり）として利用されてきた。ケイチクの皮はマダケの皮に似ているが長さの割に幅が狭くて小さいことや、モウソウチクで見られるような茶褐色の豹柄の斑点が好まれ、裂けにくいために紐としては使いにくいにも拘らず利用されてきた。台湾からも輸入された。

長野県や東北地方で採れるネマガリダケのタケノコ

　この他、抗菌力や防腐能力が強いことからタケの皮は漢方薬とされることも多く、上記のハチク以外にもホウライチクの皮を焼き、これを粉末にして油と混ぜて頭や体のできものに塗って治療していた時代もあったという。同様に黒焼きにして止血や腹痛止めにしたともいわれている。

葉の利用

　タケやササの葉にはクロロフィルをはじめ炭水化物、タンパク質、ケイ酸、ミネラル類、ビタミン類、多糖類、繊維などタケノコと同様な成分が多数含まれているため、昔から漢方薬として使われてきた。しかし、人がタケやササの葉をそのまま食べることは無味乾燥なだけでなく、カサカサしていて食べ辛いことから、葉の細胞膜を破壊して細胞内に含まれている成分を抽出したエキスを医薬用として飲んでいる（例：クマザサ）。またタケの葉をお茶の代わりに煎じて飲むことも行われてきた（例：ヤネフキザサ）。しかし最近ではタケの葉や稈をミクロン単位の微粉末にできる粉砕機などが開発されるようになったために葉や稈の粉末をパン、うどん、そば、饅頭などに少量混ぜて食品添加物にしている例がある。

　動物が葉を食べる例は多く、日本の東北地方では、ミヤコザサの葉を放牧している牛や馬に飼料として与えていたことがあった。中国では四川省の岷山山地や陝西省の秦嶺（しんれい）山脈などの標高3,000ｍ辺りに生息して

いる野生のパンダが、その周辺に自生している冷箭竹(れいぜんちく)、紫箭竹、その他のササ類を餌として食べている。日本の動物園では、もっぱらモウソウチクの葉や枝を与えている。また、コンゴ共和国の標高2,000m周辺の高地ではマウンテンゴリラが*Arundinaria alpina*を食べ、マダガスカル島の南東部にあるベレンテー保護区では固有種で昼行性のゴールデンバンブーキツネザル（別名ゴールデンバンブーレムール、ハイイロジェントルキツネザル）が森林内に自生しているタケ（種名は不明であるが、節は一重で2～3本の枝を分岐している黄色のタケ）を食べていることが知られている。このことについては第3部で詳述する。これら以外にもアメリカではマウンテンバクやメガネグマがタケを食べているといわれている。タケ林を休息地としている亀や鳥類は世界中の各地で見られる。

タケやササの枝葉を主食とするパンダ

　物作りに葉が直接に利用されることは上記に述べたある種の薬草的な利用はあるものの、手工芸的に利用されることは殆どなく、むしろ野生生物にとっては貴重な餌として、また、休息の場として利用していることが多いようである。

　なお、後半の一部で海外の話が加わったのはあえてここで記載しておきたかったからである。

工業的利用

　わが国はもちろんのことアジア諸国でも伝統的に家庭で使われてきた日用雑貨や竹工芸作家が創作する作品は、もっぱら手工芸品として作られることが多かった。したがって、これらは製品の全てが手作りのため一度に大量の品を受注することはできない。竹製品がプラスチック製

品に取って代わられていった過程には、こうしたことも大きな原因の一つだったかも知れない。しかし、資源としての竹利用となると工業化され、生産ラインに乗った工程を取り上げざるを得ないものもある。

現在、わが国に生育しているタケ林面積は拡大地を含めても約20万haで、この大部分を占めているモウソウチクとマダケだけを取り出して、今後、バイオマス用として利用できる量を幾分多めに見積もって試算してみても、せいぜい50万トン／年しか使うことができないのである。しかし、世界の三大生産地と見なされている中国、インド、ブラジルなどでは各国とも500万ha以上のタケ林があると推定されるだけに、日本の比ではないといえる。

建材としての利用

タケは木質化することから木材の代替品として利用できることはすでに述べた通りであるが、木材と違ってそのままでは平板として利用できないことが欠点であった。こうしたことから木材の代替資源として開発されたのが集成材、繊維板、パーティクルボード、セメントファイバーボードなどで、原料はモウソウチクである。簡単な製造工程は紙面の都合上、集成材のみに限らせていただくこととした。

集成材（laminated wood）

標準規格の下での製造工程の概略は以下の通りである。

①原竹を伐採して搬出：長さ1020mmに切り揃える
②四面加工：表皮を剥離した木質部分を稈の円周に沿って矩形柱状(厚さ5mm、幅10mm、長さ1020mm)に加工する
③乾燥：四面加工したものを乾燥機で乾燥する
④乾留：温度や圧力をかけて色調調整をする
⑤再度乾燥：含水量の調整
⑥積層加工：竹の割れ、接着状況、色目などの検査
⑦裁断加工：接合部分、釘穴検査など
⑧UV塗装：

⑨検品：規格寸法、色調などの最終検査

⑩出荷：梱包後配送センターへ

現在市販されている集成材は大部分が床板である。それらは「縦張り」と称して四面加工した矩形面を立てて5mm厚のものを18枚張って規格品の板にしているが、反りや狂いなどがなく床暖房にも熱伝導率がよい。これに対して10mm幅の材料を横向きにして接着したものを縦横交互に置いて3層張りにした「横張り」もあるが、これは壁面板などに適している。いずれも接着加工することで自由に成型できるのでサイズを好みの大きさにできる。どの製品も研究開発や初期の生産は日本で行われたものの、コスト面から現在では日中の合弁会社で生産した後に中国から日本へ輸出している。製品の中でも最優良品が日本へ、優良品は欧米へ、そして一般品は中国国内で使用されている。

竹の集成材を随所に使った室内（株式会社アクティベイト提供）

繊維板（fiberboard）

回転するおろし金状の機械で竹材の繊維をばらばらにした（解繊）後に接着剤を添加して加熱圧縮し、これを空気中で成型する乾式法を用いて大きな面を持ったボードに作った製品である。木材では繊維板は密度が低く、多孔性のために断熱性や吸音性が優れていることから畳床材、断熱材、外装の下地材などとして使われるインシュレーションボード（軟質繊維板：insulation fiberboard）、緻密なために加工性が高く、切削面が滑らかで強度や性能がパーティクルボードに近いことから家具、建具、床板の基材に使われるMDF（中密度繊維板：medium density fiberboard）、強度が高く、穴あけや曲げといった二次加工が簡単なために自動車の内装材、家具、住宅の内外装材として盛んに用いられているハードボード（硬質繊維板：hard fiberboard）などと呼ばれている3種類がある。

セメントファイバーボード（cement-bonded fiberboard）

竹材の繊維にポルトランドセメントを混合して成型したパネルで、タケが持っている強度、粘り、耐腐食性に加えて加工性、施工性に優れた建材である。住宅の遮音板、コンパネ材、屋根の下地材などとして評判が良く、日本のセメント会社が東南アジア向けに製造販売するため、タイで工場を建設してよく売れた実績がある。材料はインドネシアでは *Gigantochloa apus*、タイでは *Dendrocalamus asper* で、いずれもジャイアントバンブーと呼ばれている生産性の大きい大形のタケが使われた。

パーティクルボード（particle board）

竹材を加工機で小さなマッチ棒状のチップにしておき、これに合成樹脂接着剤を吹き付け塗布してから加熱圧縮し、成型したボードで、チップの形、層の構成、接着剤の種類、添加物、熱圧時の竹の含水率、熱圧など数多くの製造条件によって完成した製品の材質を異にすることができる。主に住宅の床下地材、家具用部材として利用する。

ゼファーボード（zephyr board）

竹を2分割しておき、これをV字状の溝のある二つのローラーの間に通して押しつぶすと、すだれ状の繊維の板ができる。これをゼファーシート（透けた薄板）といい、タケの強度や割裂性を活かすことができるので、このシートの繊維方向を一方向に向けて積層し、接着して作った板であるが、積極的に企業化されていないようである。

衣類としての利用

竹の繊維が脚光を浴びるきっかけになったのは、クールビズという言葉が新聞紙上を賑わすようになった頃からであった。竹繊維から得られたレーヨンは、①吸湿性が高く、発汗吸収がよいこと、②通気性がよくて軽いこと、③麻のように皺ができないこと、④繊維に空洞があるため熱伝導がよいことなどから肌着、Tシャツ、セーター、スーツ、着物、靴下、タオル類などあらゆる繊維製品が作られたのである。日本紡績検

査協会による竹繊維の試験結果では耐光・洗濯・摩擦・ドライクリーニングの各堅牢度の評価は高いものであった。

これら以外にも着物や和服関連の繊維ものについても竹繊維製品が市販されたのは言うまでもない。発売当初は綿製品に比べると30～40％も価格が高く、違和感があったが、数年後には製品数が増し、売り上げが増すとともに、やがて綿製品にほぼ近い値段になった。

竹繊維を利用して織った着物、帯、肌着など

炭化物としての利用

ほぼ十数年前にインターネットで竹炭を検索すると、どの製炭者のホームページにも調湿、脱臭、水質浄化、土壌改良に効果があるということが宣伝されていたものの、それらの製品には何らの裏付けもなく、トレーサビリティ（生産流通履歴情報把握）を追跡できるほど環境が整備されているとはいえない状態にあった。極端な例を言えば、竹が黒く焼けているなら何でもよいという製品ブームが一時的であるにしろ存在していたのである。

しかし、簡易製炭窯や低温製炭ではほんの一部の効果ですら疑わしい製品しかできないことが次第に理解され、今日では商品と呼べるだけの調湿性能、消臭作用、水質浄化、土壌改良機能、遠赤外線効果などを持つ製品を生産するには正式な土窯やステンレス窯を使って1,000℃前後で炭化させるとともに原材料の吟味が必要なことを理解している業者のみが生き残っていて、レベルの高い製品作りに精を出している。通電性があってこそ遠赤外線効果や防菌効果が得られるからである。

また竹酢液においても排煙時の集煙温度やｐＨ、精製方法、成分分析などによって防菌、消臭などの効果性能の差異が現れること、また多様

なポリフェノール成分が含まれているだけに今後の積極的な解析が待たれるところである。

製紙用としての利用

和紙

　伝統的な和紙はコウゾやミツマタの繊維で作られているが、中国で作られた世界最古の紙は竹紙だったといわれており、現代でも中国、ラオス、タイなどの山村地帯では小規模な竹紙作りが行われている。昨今、日本で作られている竹紙は日常に使用する実用紙類よりもむしろお洒落で優雅な創作和紙ともいうべき工芸性の高い製品が多い。本来の和紙作りが今も地域に根づいている伝統和紙だけに、竹紙を使って描いた墨字や絵の具の作品は吸水性がよいために滲まないという特性を生かした作品ができるのである。また紙の強度が弱いという欠点はあるものの壁紙、障子紙などにも使われている。

　竹紙作りの工程は、①伐竹（新竹間もないころのタケ）、②分割（節部のでっぱりを削って箸状に割る）、③水漬け（分解促進には苛性ソーダを加える）、④分解（発酵・分解するまで待つ）、⑤繊維の煮込み（繊維だけを木灰やソーダで煮る）、⑥晒し（流水や日光で）、⑦叩解（晒したものを木槌で叩く）、⑧紙漉き、⑨水分除去（圧搾機など）、⑩乾燥の順序で行う。ただ、水漬けから分解までの期間が長く、しかも異臭を放つため、住宅地域では作業を進めることが困難である。

洋紙

　25年前にアジア地域ではインド、バングラデシュ、中国、タイ、ベトナム、ミャンマー、インドネシアなど、この他にブラジルなどを含めると年間185万t余りの竹紙が作られていたが、最近は竹資源の減少もあってインド、バングラデシュ、タイなどでは木材を混ぜて洋紙を作っているという。また、インドでは資源が足りなくなり、最近では近隣国のみならずラオス辺りまで買い付けに行くと聞いている。日本でも50年余り前には年産7,000tの竹紙専用の製紙工場（原材料はマダケのみ）があっ

た。現在は、中越パルプが少量であるが原料竹（モウソウチク）から竹パルプを経て竹紙作りを行っている。

　繊維の長さは竹（3.09mm）、針葉樹（2.82mm）、広葉樹（1.44mm）の順で、繊維幅は針葉樹（0.045mm）、竹（0.030mm）、広葉樹（0.022mm）の順となり繊維長／繊維幅を求めると竹で103、針葉樹で63、広葉樹で50となり、竹は木材よりも細長い繊維だということがわかる。

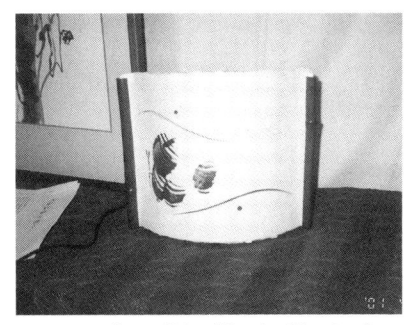

照明器具に使った竹紙（絵や字が滲まない）

　また、細胞壁が厚いのでコウゾに似た紙ができるといわれているが、印刷用紙にするには叩解することで締まった紙ができる。意外と知られていないのは紙コップ、紙皿、箸袋、封筒、便箋、名刺の他、高級印刷用紙、情報用紙が竹紙から作られていることであり、さらに竹パルプは油の浸透度に優れていることから脂取り紙、天ぷらの敷き紙、吸取紙に適しているといえる。

竹繊維強化プラスチック（BFRP：Bamboo Fiber Reinforced Plastics）としての利用

　この20年ほど前から注目されるようになったのが、竹の炭素繊維である。もともと炭素繊維は名前の通り成分の大部分が炭素でできた繊維で、特徴は強度が強く、かつ高剛性であることから鉄鋼、アルミ、樹脂よりも小さな質量で同一機能を達成することができるとして、軽量化による燃費削減が求められてきた自動車や航空機産業界などで評価されるようになった。なかでも竹の繊維は強度や剛性が大きいことから自動車では板材（ボード）として加工され、飛行機では最新鋭のボーイング787型機の内装や外装部に用いることが考えられ、竹の炭化繊維強化プラ

チックを使うことでガソリンの消費量を30％削減できることが考えられたのである。

　プラスチックやゴムの強化材とするための繊維を取り出す方法としてタケを含む木質系材料では、①苛性ソーダを用いた薬品処理による方法、②竹チップによる機械的方法、③タケの爆砕による方法が行われている。

　これまでガラス繊維が比強度、耐食性、経済性などの点からプレジャーボート、自動車、浴槽などに広く利用されてきたが、焼却時のCO_2の排出や廃棄処分に問題が生じてきたため、新たな代替材料が求められるようになった。

　幸いにしてタケは再生産の容易さと持続的生産が可能な植物資源として、また、生産性の大きさやCO_2の吸収量、木質系資源として廃棄に際しても自然への循環回帰が可能なことや木材とは異なった特性が認められることから、これまで画期的な材料とされてきたガラス繊維との比強度を対比した結果、竹繊維を強化材として代替できることが明らかになったのである。もちろん、実用製品とするにはガラス繊維とは違った工法が取り入れられたのは当然である。

　竹繊維と植物由来のPBS（ポリブチレンサクシネート）やPBP（ポリブチレンポリオール）を利用したウレタン樹脂との複合材の開発によって竹繊維マットを作ることで自動車産業への参入が行われ、BFRP（竹繊維強化プラスチック）との複合加工によるボートもできている。

　ただ工業化ということになると材料提供の恒常化や製品の統一化が望まれる。先に述べた飛行機の場合でも相手が希望したBFRPの量は年間300万〜350万ｔというものであった。そこでわが国がこのプロジェクトのために提供できる資源量を推定したところ、多く見積もっても40万ｔ／年しかなかったのである。まさに集成材ですら国内で生産できない資源量とコスト問題が生じたのと同様に、ここでも工業化できないことにジレンマを覚えるのである。

第3部

熱帯性タケ類と亜熱帯性タケ類の姿

フィリピン（ルソン島）の海岸に育っている*Bambusa blumeana*

◆第3部のねらい

　アジア大陸や中南米大陸の亜熱帯南部から熱帯各地にかけての一帯はその一部を除くと降水量に恵まれていて、多くの種類のタケが生育している。なかでも東アジア南部から東南アジアにかけての各国や西アジアのインド、バングラデシュ、スリランカなどの諸国では古くから日常生活に溶け込んだタケの利用があり、各民族独自の地域文化が構築されているほど地域住民の生活には欠かすことのできない有用な植物資源となっている。

　第2部で述べたように、温帯地域に生育しているタケ類やササ類は地中に地下茎が走行していて、地上部分だけを見ていると散稈状に分布した稈が生育していることから、散稈型や単軸型のタケ、もしくは地域性から温帯性タケ類あるいは温帯性ササ類と呼んでいる。しかし、熱帯地域に生育しているタケ類は地下茎を持たないために地上では株立ち状になっていることから連軸型のタケ類とか、その地域性から熱帯性タケ類もしくは株立ち型とも呼んで両者の違いを明確にしている。ただ、亜熱帯地域には本来なら熱帯で見られる株立ち型のタケ類でありながら地中部を走行する部分（地下茎）を持っている1属があるが、これも基本的にはその先端部分が立ち上がることから熱帯性のタイプとして取り扱うことにした。

　それにしても、この熱帯地域に生育しているタケ類にも温帯地域のタケと同様に、成長完了後早々に皮を離脱する種類に対して、長期間皮を付着しているササ類に該当すると見なされる属や種が生育しているが、熱帯地域にはこうした考えに基づいた分類体系を行ってきた研究者がいなかったことや、ササ類に属すると見なされる種の必要性が低かったこともあって、今もってタケとササの区分が行われないままになっている。

　最近になってわが国でも鹿児島県の南部や沖縄県では熱帯性タケ類のDendrocalamus属やBambusa属で耐寒性のあるマチク（*Dendrocalamus latiflorus* Munro)、リョクチク（*Bambusa oldhami* Munro)、シチク（*Bambusa stenostachya* Hackel）などのタケ類の栽培が行われるようになっている。なお、熱帯性タケ類の生育環境や分布と生育型などについてはすでに述べたとおりであるので、ここでは重複しない事項について述べることにした。

　なお、亜熱帯とは熱帯から温帯への移行帯に相当する範囲を指し、おおよそ南北両回帰線から南緯・北緯とも30度までの間に挟まれた地域である。身近なところでは台湾中部から屋久島の南側辺りの地域だと思えばよい。この亜熱帯でタケが生育しているのは長江以南の中国とミャンマーの北部に挟まれた地域だということができ、生育型から言えば緯度や標高が関係して低温帯域に属するところには単軸型のタケが生育し、同様に高温帯域に属するところでは熱帯性の連軸型の株立ちのタケが生育している複雑な地域ということができる。

　たとえば亜熱帯地域で最も広くタケが生育している雲南省（中国）の北部には日本でも見られるカンチクやチゴカンチクが含まれている稈の細い小形で単軸型のChimonobambusa属やChimonocaramus属などの他、大形から中形のPhyllostachys属やPseudostachyum属などが各地で見られる。また、南部には大形で連軸型のBambusa属、Thyrsostachys属、Schizostachyum属などの熱帯地域に生育している種が多く見られる。

　しかし、特異的なのはPseudostachyum属や、雲南省にはないがインドの東部からバングラデシュやミャンマーの亜熱帯地域に広く分布しているMelocanna属があり、この２属の地下茎は本来の地下茎とは違っていて、連軸型であるが短い地下茎を伸ばすことから地上部では単軸型に見える種から構成されていることである。また、これらの属は面積の上からも各国の亜熱帯地域のみで広く見出されることから亜熱帯性タケ類として取り上げることとした。

熱帯性タケ類主要種の分布・特性

　熱帯地域における主要な属の中から今後の資源植物として、またバイオマス利用の上から栽培するに値する属や種を選択し、その特性や分布地域を解説することにした。なお、選択の対象には例外を除いて大形種から中形種のタケに限定することとした。

アジア地域

バンブーサ属（Genus Bambusa）

　熱帯地域に広く分布し、1属中の種類が最も多く、100種以上が同定されている。この属には耐寒性の強い種類があって、日本の冬季にも温暖な太平洋側や沖縄県などでは導入されて自生している種もある。これらのタケは秋にタケノコを発生する。熱帯では熱帯雨林や熱帯モンスーンで多くの種が多くの国々に生育している。いずれも中形から大形の種で、強靭な稈には長い枝や稈の下部に細い枝が多数見られる種もあり、伐採後の株にはより多くの枝を再生し、各節に刺がついていたり、刺のない種類もある。皮はそれぞれに特徴があるが概して硬くて厚く、利用価値はない。葉の形状は種によって異なっており大きいものから小さいものまでさまざまである。
　生育地の環境は種によって異なり、多湿地から半乾燥地、また森林内で樹木と混生する種だけでなく、日陰下や裸地でも生育旺盛な種がある。現地の住民にとっては利用しやすい稈の種が多いだけに、大切に育てて

第3部 熱帯性タケ類と亜熱帯性タケ類の姿

利用している様子を見ることができる。

Bambusa bambos（L）Voss（syn. *B. arundinacea* Willd, *B. spinosa* Roxb）

地方名：Phai-pah（タイ）、Bambu duri（インドネシア）、Giant thorny bamboo（英語）

分布：インドから中国南部を経て東南アジアの各国で自生しているほか栽培林も多い。主に河川沿いや湿地で落葉樹と混生し、標高1,000mの丘陵地でも生育できる。

特徴：古い株では刺のある稈が密生し、高さ10〜30m、胸高直径15〜18cm、節間長20〜40cm、木質部の厚さ1〜5cmと厚く、地際では空洞が殆どない。極めて堅牢で、節は高く、稈の下方部に気根をつけていることがある。葉は6〜22cm×1〜3cmの大きさで、皮は15〜35cm×18〜30cmと大きく、早期に落下する。

用途：タケノコは食用、葉は飼料、種子は食料、稈は住宅の支柱・床・屋根などの建築材、パルプ材などとして広く利用されている。河川敷では水害防備林として植栽されている。これらの他に製紙、合板としても利用し、稈に付着している蠟質物を靴磨きのワックス剤、カーボン紙やクラフト紙などに使っている。

種子：開花周期は16〜45年程度で集団開花するが、1株が数年間継続して開花することもあるといわれている。よく結実し、天然下種による実生苗が得られる。結実後に取り蒔きすれば発芽率は高い。種子は5℃で貯蔵するか、乾燥したコンテナに入れて密閉しておけば室温でも半年は維持できるが、室内に放置しておいても3カ月以内なら発芽の保証ができるといわれている。

取り蒔きの場合は播種後1週間程度で80％は発芽し、苗の高さが50cm程度になると山出しできるが、場合によっては2年間も待たされることがあるため、通常は挿し竹苗を使うのが確実である。苗は6×6m間隔で植え、将来は1株25〜30本仕立てにすると、毎年10〜30t／haの収穫量が見込まれる。

病虫害：生育中はハマキガや胴枯病が、伐採後はキクイムシやカミキリ類の被害が考えられるが、薬剤もしくは伐採によって被害を軽減することができる。

Bambusa blumeana J. A. & J. H. Schultes（Syn. *B. spinosa*）

地方名：Phai-sisuk（タイ）、Kawayan tinik（フィリピン）、Lesser spiny bamboo（英語）

分布：原産地は明らかでないが、インドネシアからマレーシア、タイ、フィリピンなど熱帯アジアの広範囲の地域に天然分布しており、フィリピンでは主要種となっている。標高300m以下の低山帯の山麓や河川敷、湿潤地、洪水後の裸地状の場所に生育する。

特徴：pH5.0～6.5の比較的酸性の強いところが適地で、塩基性土壌では生育できない。稈高15～25m、直径6～15cm、節間長25～60cm、木質部の厚さは0.5～3cmで、地際部の稈には空洞がなく、堅くて耐久性があるが、地上2m以上になると空洞が大きくなり急に薄くなる。稈や枝には刺があり、枝数は3本で下方部に気根がある。葉は細く15～20cm×1.5～2.0cmで、稈は多少ジグザグしていて下部に細い刺のある枝が絡み合っている。B. bambosとの区分はタケの皮の先端部でできる。本種は耳毛が多く、波打って際立っている。皮も黒褐色で剛毛がある。

用途：木質部が固いために建築材の支柱、コンクリートの補強材、燃料、日用雑貨品の笊、籠など広範囲に使われている。東南アジアの殆どの国で栽培されていて、製紙原料の他は防風林、生垣、境界の目印などとしても使われている。タケノコは食べられるが堅い。土地の境界線や水難防止用に河川敷に植栽されることもある。

開花：20～30年周期といわれているが、本種はモウソウチクと同様に大きな株の中の数本の稈のみが開花し、稀に結実するといわれている。

植栽：繁殖には実生苗が得にくいために挿し竹、株分けなどが行われる。挿し竹での増殖は若いタケを選択し、長いままでもよいが1節を上下の節間の真ん中につけて地中20cmの深さに水平に埋めるだけでよい。ただし、稈の中ほどまでを利用し、先端部の細い部分はよい苗にならな

いので使わないほうがよい。発芽は雨期の場合10日ほどで始まるが、最低でも30日はそのままにしておき、その後の雨期に植栽する。長いままで挿し竹としたものは、植栽直前に短く裁断して前者と同様に植えればよい。植栽間隔は5mで40本／haを目途にして正方形植えを行えば、植栽後5年で高さ8〜10m余り、1株に20本前後の稈が育つので、その後は毎年主伐することができる。

　病虫害：ハマキガ、キクイムシによる被害があるが、薬剤防除で駆除することができる。

Bambusa tulda　Roxb.

　地方名：Phai-bongdam（タイ）、Bengal bamboo（英語）

　分布：北インド、バングラデシュ、ミャンマー、タイなどの標高1,500mまでの平坦地、谷筋、河川敷などで落葉樹と混生して自生している。栽培されているところも多く、バングラデシュでは最大の有用種となっている。天然林では湿潤地で*Cephalosta-chyum pergracile*と混生するが、乾燥地では*Dendrocalamus strictus*と混生する。

　特徴：稈長10〜28m、胸高直径5〜19cm、節間長40〜70cm、木質部の厚さは1〜2.5cmで、やや薄いが弾力性と割裂性に富んだ強靭なタケである。皮には褐色の毛があり、大きさは15×25cmで、成長の終了後は早期に脱落する。葉長は10〜30cm、幅1.5〜3.5cmで背面は灰緑色で軟毛がある。枝は各節より3本で、各節の下側にモウソウチクのような白い蠟質の粉が付着している。稈は多少ジグザグになる傾向がある。

　用途：建築の足場材、家具、マット、工芸品、防風林、紙の原料となる他、食用タケノコとして*Dendrocalamus asper*とともに大切な食品になっている。

　開花：開花周期は25〜40年で集団開花し、結実率は高い。実生苗を作るには結実後早期に播種するのがよく、ほぼ1カ月で発芽能力を失うとさえいわれている。しかし、乾燥した冷蔵庫内では1年近く保存できたという報告もある。種子は1,000粒70gで発芽に2カ月近くを要し、2カ月以内に70％程度の発芽が見られる。発芽後1カ月で最初の小さな稈

が発生し、植栽5年後には利用できる大きさの稈が得られる。ただ、挿し竹による活着率は低く、その後の成長も芳しくない。

Bambusa vulgaris　Schrader ex Wendland（タイサンチク）
　地方名：Bamboo ampel（インドネシア）、Buloh minyak（マレーシア）、Buloh kuning（半島マレーシア）、Tamelang（同サバ州）、Kawayan-kiling（フィリピン・タガログ語圏内のみで他の地方では異なる）、Phai-luang（タイ）、Phai-bongkham（ベトナム北部）など。
　分布：東南アジアの亜熱帯から熱帯にかけての標高1,200mまでに生育が可能であるが、生育は良くなく、通常は1,000m以下の湿潤地や河川敷などでよく生育している。農家にとっても多目的に利用できることから挿し竹によって植栽し、栽培しているのをよく見かけることができる。日本でも暖地で庭園用に植栽されている。
　特徴：胸高直径4～10cm、稈長10～20m、節間長20～45cm、材質部は7～10mm、また、長さ14～20cm、幅4cm程度の大きな葉のある中形のタケで、加工はしやすい。ただ株を構成する稈の上方部が広がるために稈全体に曲がりがあり、通直なものが得にくい。品種に稈全体が黄色で、細い緑色の縦縞の入ったキンシチクがあるが、寒さに弱く、日本の野外では栽培が困難である。
　用途：船のマスト、浮き、舵、樟、足場丸太、支柱、竹細工、製紙などに利用する。
　繁殖：株分け、稈や枝の挿し竹、取り木（タケ）、組織培養、実生苗のいずれも可能であるが、最も簡単な挿し竹が一般的である。

セファロスタキウム属（Genus Cephalostachyum）

　本属は17種、1変種よりなり、5種はヒマラヤから北部ミャンマーに、他の5種はミャンマーからタイ、ラオス、ベトナムなどの山岳地から低地にかけて広く分布しており、フィリピンのミンドロ島に1種がある。その他はインドやマダガスカル島にある。
　株立ち型で稈の先が垂れ下がり、乾期に落葉する。稈長は7～30m、

胸高直径は2.5～7.5cm、節間長20～45cmで長さの割に細い。材質部は薄く、節の下部には白いワックス状物質がついている。成長が遅いために適地でも植栽後12～15年、不良地では30年近く経たないと通常の大きさの稈を生産できない。開花は毎年どこかで目にすることができるが、点在的にしか見られない。しかし稀に集団的な開花が起こるようであるが、稔生種子は僅かだといわれている。

Cephalostachyum pergracile Munro

分布：東インド、ネパール、ミャンマー、北部タイ、中国・雲南省など熱帯北部のモンスーン地帯で見られる。とくにミャンマーやタイでは落葉樹と混交して広く生育していて、湿潤地では*Bambusa polymorpha*と共生するのに対して、乾燥林内では*Dendrocalamus strictus*が優勢となり本種は生育できなくなる。また排水性の良好な壌土で生育が良好である。

特徴：稈長7～30m、胸高直径3～8cm、節間長20～45cmで木質部は薄い。節の下部には白い蠟質物質がつき、枝は稈の上部に数本ずつ分岐している。

用途：表皮が剥ぎやすく、木質部が薄いために割りやすく竹細工、籠作り用の原材料として使われる他、壁、柱、屋根板などの建材としても利用される。この他、釣り竿、竹筒飯用の竹筒、製紙材料としても使っている。

開花：ほぼ毎年のようにどこかで部分開花しているのを見ることができるが、時折、集団開花することもある。開花周期は定かでない。開花しても充実した種子は期待できない。

増殖：株分け、挿し竹が一般的である。挿し竹の場合は稈基部分の発根率が高い。

デンドロカラムス属（Genus Dendrocalamus）

熱帯アジアの半乾燥地帯から湿潤地帯までの広範囲の地域に30種余りが生育している。痩せ地でも生育することができる。放任しておくと稈

が密生し、内部の稈を伐りだすことができないほどになる。通直な稈で、稈長15m以上に達する大形のタケの一群である。1節から分岐する枝数は数本で、中央のものはとくに太くなる。稈に刺はなく、木質部は堅固である。皮は成長後すぐに脱落するが、大きくて厚く、乾燥すると硬いために割れやすく、表面には短毛があり、長さは節間長よりも長い。葉は大きく、長さが40cm以上になるものもある。Bambusa属と同様に利用価値の高い有用種も多く、各地で栽培されている。

Dendrocalamus asper（Shultes f.）Backer ex Henne

地方名：Phai-tong（タイ）、Bambu betung（インドネシア）、Giant bamboo（英語）

分布：東南アジア各国に分布しているが、栽培されている面積も広い。マレーシアのサバやサラワク、インドネシア、その他の国の低地から標高1,500mまでに導入されたが、いずれも順化して天然林化したといわれている。

特徴：稈長20〜30m、胸高直径8〜20cm、節間長30〜50cm、節は盛り上がり、材質部の厚さ11〜36mmで稀に中空部分が小さいことがある。硬くて耐久性に富み、節の下部に白い蠟質物質をつけ、稈の下部の数節には明確な気根を見ることができる。標高500mまで生育可能で、年降水量が2,000mmもあれば、とくに土壌を選ぶことはない。

用途：稈が堅牢なことから建材や橋の材料として使い、節間長が長いことから水やジュースのコンテナの他、ヤシの水受け、野外での食器などの日常道具として用いている。タケノコは甘味が多いことから食用となり、タイのプラチンブリ州ではタケノコ畑が広く栽培されている。このためタイやフィリピンなどではタケノコ生産用の挿し竹苗が生産され、販売されている。

Dendrocalamus gigantius　Wallich ex Munro

地方名：Phai-po、Phai-pok（タイ）、Bambu sembilang（インドネシア）

分布：ミャンマー南部からタイ北部が原産地ではないかと考えられている。植栽は湿潤熱帯から熱帯高地の標高1,200mまで可能で、沖積土壌

第3部　熱帯性タケ類と亜熱帯性タケ類の姿

の熱帯低地でも生育は良く、北部タイではチークと混生している。

特徴：桿長30m、胸高直径16〜25cm、節間長25〜55cmで、節部が平滑なのが特徴である。ワックス状物質や気根をこの属の特徴として見ることができる。3本の枝のなかで中央のものが太くて目立っている。増殖には挿し竹が困難なことから、株分けや実生苗によることが多い。植栽すると成林するまでに実生苗では7年近くを必要とすることから、株分けすることも多い。類似の*D. asper*と*Gigantochloa levis*との違いは前者がフィリピンにあり、後者はインドネシアにあって材質部が厚く、節間が黒褐色の毛で覆われていて、節が盛り上がっていることである。

世界最大のタケとも言われる*Dendrocalamus giganteus*（富山県中央植物園の温室内で育った事例）

用途：桿は支柱、建材、内装材、合板材、水筒、バスケット、土壌流亡防止柵などに使われているが、生産性が高いために製紙用として利用する。タケノコも食用になるが、穂先タケノコの要領で採取している。

増殖：挿し竹がよく、発根苗は雨期の前半に植え付けておくと7年ほどで大きな株となる。

Dendrocalamus latiflorus　Munro

地方名：Phai-zangkum（タイ）、Betong（フィリピン）、Bambu Taiwan（インドネシア）、Taiwan giant bamboo（英語）、マチク（日本）

分布：台湾、中国南部、タイ北部、ミャンマーなどの亜熱帯地域の標高1,000m付近まで栽培されており、多雨、多湿地で生育はよく、砂地や粘土質土壌は栽培に不適である。台湾では主要種となっている。なお、インド、タイ、日本は1970年代に導入し、フィリピンでは1980年代に導入したことが明らかにされている。

特徴：桿は密生し、先端部は曲がって垂れ下がるようになる。桿長14

〜25m、胸高直径8〜20cm、節間長20〜70cmで、節は出っ張っていて下部には気根がある。節にワックス様の粉がついている。増殖は実生苗で可能であるが採取できる種子は少なく、採取後は取り蒔きするのがよい。通常は挿し竹を行う。

用途：タケノコは生鮮食用やメンマとして利用する。また稈の節間を水の運搬用コンテナにする他、竹細工、籠などの編み物、建築材、製紙に使う。葉は大きく、帽子、包装、小舟の屋根などに使う。

増殖：台湾では植栽後3年目で1株に20〜25本の稈が得られ、長さ5〜6m、胸高直径3〜4cmに育ち、フィリピンでは5年で長さ15m、直径7cmになるという。台湾では開花が殆ど見られないが、フィリピン、インドネシア、中国では小面積ながら時折見られるという。

Dendrocalamus strictus（Roxb.）Nees

地方名：Phai-sang（タイ）、Buloh batu（マレーシア）、Male-bamboo、Solid Bamboo（英語）

分布：インド、ネパール、バングラデシュ、ミャンマー、タイといった地域に分布しており、ガンジス川流域では広く分布している。ベトナム、インドネシア、マレーシア、キューバ、プエルトリコ、アメリカなどでは栽培地もある。年平均気温20〜30℃の地域内で生育し、標高1,200m以上もしくは−5℃以下、また40℃以上の場所では枯死する。

特徴：稈は密生した株立ちで稈長は8〜16m、胸高直径2.5〜8cm、節間長30〜45cmの大形種で、殆ど実竹となっている中形のタケである。節は幾分膨れていて下方部に気根が見られる。皮は8〜30cmの大きさで黄褐色の毛が生えている。砂質壌土でpH5.5〜7.5、透水性の良いところが生育に適している。

用途：建築材、籠類、農業資材、ポールなどに使われているが、インドでは製紙原料として大量に消費され、タイでは板材として利用されている。タケノコや種子は食用となり、葉は飼料として利用されている。

繁殖：一般に挿し竹か実生苗で増殖させるが、大面積の植栽には実生苗を用いる。実生苗では植栽後6年ほどで株になる。しかし、通常の株

ができるまでには11〜13年は必要である。1株20〜40本なら、その20％ほどが新竹として生育する。

開花：部分開花により1株の中の数本が枯死するというパターンで、株そのものは枯死しない。時折、株全体が枯死することもあるが、その時は2〜4年かかっている。種子は大量に採れる。

病虫害：多いのは立枯病や胴枯病その他であるが、薬剤処理によって駆除することができる。

ギガントクロア属（Genus Gigantochloa）

原産はミャンマーで、熱帯アジアの湿潤地帯に広く生育している。ただ、フィリピン、カリマンタン、ジャワなどは導入されたものである。大形のタケで、株は密生するが稈は通直で、基部から数本の細い枝が出る。通常の枝は稈の比較的上部から分岐している。皮は薄く、暗褐色の毛がついている。これまで明らかになっているのは24種で、属の中でも有用種は栽培されている。

Gigantocloa apus（J.A. & J.H. Schultes）Kurz

地方名：Bambu tali（インドネシア）、Giant bamboo（英語）

分布：ミャンマー、タイ南部、マレーシアなどが原産地ではないかと見なされている。インドネシアでは大昔に移住者がジャワ島に持ち込んだものと考えられていて、その後、西ジャワや東ジャワで栽培され、さらに南スマトラ、中央スラベシ、中央カリマンタンへと拡大された歴史がある。これだけ栽培地が拡大した裏には、本種がいかにインドネシアでは有用種となっているか理解できる。生育適地は低地の湿潤地帯から丘陵地帯の標高1,500mまでで、砂質または粘土質の河川敷もしくは開放地、森林地帯などである。

特徴：稈長8〜30m、直径4〜13cm、節間長20〜60cm、木質部の厚さ30mmで割りやすい。若い間はワックスが節に見られる。葉は大きく、皮には黒い毛がある。タケノコは暗緑色で苦く、料理する前の4日間は土に埋めておくという。

用途：インドネシアでは料理用道具類、漁業用具、家具、ロープ、紐、籠類、楽器、建材用の柱、壁、床材、ジャワ島では多くの家が屋根に使うなど、地域経済の発展に欠かすことのできないタケである。

開花：開花が稀だといわれている一方で40〜60年周期ではないかという報告もある。開花すれば多くの充実した種子が得られるが、取り蒔きが必要である。ただ収穫まで長い期間が必要だとして実生苗よりも株分けもしくは挿し竹が好まれる。1〜2節つけた稈の挿し竹が可能で、インドネシアでは植えつけ適期は12月から3月までとされている。

チロソスタキス属（Genus　Thyrsostachys）

本属には2種があり、ミャンマー、タイ、ベトナム、カンボジア、半島マレーシアなどに生育している。いずれも細い葉を持つ細く小さなササで、稈長が5m程度の密生した株を作る。

*T. siamensis*は「修道院のタケ」と呼ばれるが、その理由は修道院の周囲にやさしい壁として植えられているからだといわれている。

Thyrsostachys siamensis（kurz）Gamble

地方名：Phai-ruak（タイ）、Philippin bamboo（フィリピン）

分布：原産はタイ西部の乾期のある地域で、ミャンマー以南の東南アジア各国で純林もしくは樹木と混生している。半島マレーシアでは栽培を行っている。主に熱帯モンスーン地帯でも乾期のある土地で見ることができる。しかし、土壌の肥沃な湿潤地域でよい生育をする。

特徴：せいぜい胸高直径3cmで、稈長が8mまでの細いササであるにも拘らず、材質部が厚く、基部では実竹となり、直立する。葉は長さ4〜14cm、幅0.5〜1.1cmで、毛はない。繁殖は旺盛で密生した株となる。

用途：製紙原料、バスケット、柄、生垣、庭園の植え込みなどに使われている。タケノコは食用となる。

第3部　熱帯性タケ類と亜熱帯性タケ類の姿

中南米地域

　メキシコとそれ以南のラテンアメリカと呼ばれている地域は熱帯から冷温帯までの気候帯が含まれているが、少なくともアルゼンチンやチリ中部まではタケが生育できる環境下にある。したがって19世紀以降これらの地域内に移住した日本人、台湾を含む中国人、東南アジア諸国の人々は自分たちが利用する目的で持ち込んで育てたタケの種類が数多くあり、固有種を含めるとアジアに次ぐ多くのタケ類が生育している地域といえる。分布域は南北だけでなく、熱帯低地から熱帯高地にまで及んでいるからである。とくに熱帯高地にはいくつもの山脈があり、その主要なものだけでも北からシエラネバダ山脈、マドレー山脈、アンデス山脈があり、標高3,000〜3,500mには主としてChusquea属やSwallenochloa属のササ類が200種以上生育している。

　これに対して熱帯低地では中米から南米の北部一帯にかけて分布するGuadua angustifoliaがバナナの支柱や建築材として使われている。その他、ニカラグアの東岸からホンジュラスにかけてのバナナの産地ではGuadua umbrexiforiaが、また、メキシコからグアテマラにかけてはOtatea属があり、熱帯アジアから導入したBambusa vulgarisは中南米やカリブ海諸国でいずれもバナナの支柱用に、ブラジルでは段ボールの原料用に栽培されている。この他、ホテイチクも標高1,000m前後の場所で栽培されていて造園用資材となっている。

グアドア属（Genus Guadua）

　メキシコ以南から熱帯アメリカに固有の属で、これまで15種、品種や変種をも含めると30種近くが知られている。概して湿潤地帯を好み、裸地またはタケの純林地など太陽光を直接受けることのできる環境が生育地として適している。一般に稈には刺があり、一部の種類を除いて胸高直径20〜25cmで稈長20〜30mに達する大形のタケである。葉の大きさ

中南米でタケといえば*Guadua angustifolia*を指すほど有名（栽培される殆どが建築材となる）

はタケ類の平均程度で、大きくも小さくもない。若い稈の節部にはモウソウチクよりも明瞭な蠟質状の白粉がついている。短毛をつけた皮は硬く、成長後早期に脱落し、乾燥すれば割れるので利用されていない。先端部は曲がり、コスタリカ以南に始まってコロンビア、ブラジル中部以北などの南米の低山帯で多く見られる。用途の中心は建築材であるが多様な利用が行われている。

Guadua angustifolia Kunth

地方名：Guadua（中南米各地）

　分布：南米の北部一帯に分布しているがパナマや中米にも小林分が点在している。主に南米の北部、ブラジル、コロンビア、エクアドル、ベネズエラ、ペルー北部などに多く分布し、アマゾン流域や河川敷のほか丘陵地の肥沃地に多く見られる。近年になって中米各国で建築材として植林されるようになったが、コロンビアでは古くから建築材として利用され、需要も多いために盛んに植栽されている。

　特徴：生育は旺盛で胸高直径20〜30cm、稈長20〜30mに達する大形のタケである。節間長が短く、濃緑色の稈をなし、節の周囲には白い蠟状物質がついているのでわかりやすい。稈の比較的低位置から分岐している枝には葉がつかない。材質部が厚いためバイオマス量は多い。株は密生しないために間伐すればモウソウチク林のような印象を受ける。河川敷や丘陵地で肥沃な土壌が適している。

　用途：家具、建築関係のあらゆる部分で利用されている。地方の農村地帯では大切な生活資材となっている。

　増殖：挿し竹または株分けで容易に増殖する。挿し竹による場合は苗木の育成を雨期に行うとほぼ2カ月で植栽が可能になり、1年後には高

さ2m、5年後には主伐して利用することができる。株は密生しないので適度の間隔を置いて伐採すれば管理しやすい林分に誘導することができる。

チュスクエア属（Genus Chusquea）

主として中南米の太平洋側のメキシコからペルーや大西洋側のベネズエラ、ブラジル、カリビアン諸島、アルゼンチンなどの標高3,000～4,000mにかけて存在する高山地帯に分布している熱帯性ササ類である。種類は日本のササ類に匹敵するほどの種数があり、未確認種も多く、200種以上が同定されている。中には空洞部分に髄が詰まっている種もあり、一見ナリヒラダケの太さ程度に生育した稈もある。このタケは皮を早期に落下するが、同行した研究者はChusqueaに間違いないと主張していた。形態的にも生態的にも、また低地帯の急傾斜地の森林内にも生育している種があることも明らかになっているだけに、未知の部分の多い属である。

本属の多くの種は稈長2～12mの細く小さい稈に多くの枝と細くて長い葉をつけた種が多く、樹木と混生してその下層植生を構成している。枝は分岐点から伐るとより多くの枝を出す。－4～－6℃という低温地でも生育可能であるが、成長期間は4カ月と通常のタケに比べると長くかかる。増殖には実生苗、挿し竹、株分けなどが可能である。生育地が高地にあるために定住者が少なく、あまり利用されていないのと、密生するために植林地では植栽木の生育を妨げる原因になっている。

Chusquea meyeriana　Ruprecht ex Doell

分布：コスタリカでは標高3,000m前後の*Quercus copeyensis*の樹林下に生育している。

特性：稈長は1～10m、胸高直径1.5～3.5cm、節間長20～40cmで、稈の下部の数節に気根がある。林内照度が明るくなるほど形態や株が大きくなり、密生してくる。枝の分岐数は多いが、短くて、節ごとに長さ15～25cm、幅0.5～0.7cmの葉をつけている。基部にはまばらに軟毛を

中南米の標高3,000m付近で見られる*Guadua* sp. の変わり物（壁に海綿状の髄が詰まっていて中空がない）

つけた細長い葉を多数つけている。先端部は垂れる。稈に空洞部はなく、海綿状組織によって充填されている。小面積内に葉の両面が有毛のもの、形態が異なるものなど変種も多く、今後の研究が待たれる。

利用：とくになし。

C. longifolia Swallen

分布：*C. meyeriana* よりも標高の高いところに分布し、*Quercus copeyensis* や *Q. costaricensis* 林の開放された場所やギャップ（林地内でできた空地）で下層植生として生育している。

特性：株はさほど大きくならない。稈長は2～6m、胸高直径1～2.5cm、節間長14～30cm、節高の小形のタケである。枝の分岐数は1～2本で小枝に3～10枚の大きな無毛の葉（葉長18～30cm、幅1.2～2.0cm）をつけている。皆伐後の再生は *C. meyeriana* よりも悪い。

利用：とくになし。

オタテア属（Genus Otatea）

もとは Yushania 属の亜属であったが現在は独立している。本属には *O. acumiata* と *O. fimbriatano* の2種があるが、この他に *O. aztecorum* が亜種として認められている。メキシコからホンジュラス、コスタリカにかけての太平洋側の斜面、台地、シエラマドレ山脈の落葉樹林帯の谷間などの標高200～2,000mに分布する熱帯性のタケである。稈長2～10m、胸高直径2～8cm、木質部の厚い稈で若い時には空洞がないこともある。各節から3本の枝を出すが2年目からはさらに増える。

Otatea aztecorum McClure et. E.W. Smith

分布：メキシコの熱帯地域に分布している株立ち型のタケ。

特性：多少の寒さには耐えることができ、稈長は8m前後で、葉は長さ30cm、幅5mmほどで細くて柔らかである。枝は細く、先端部はアーチ状に垂れている。皮は淡い緑色で白っぽい毛がある。

用途：とくにない。

スワレノクロア属
（Genus Swallenochloa）

中南米の亜高山帯パラモ林（標高3,000m余り）で見られるササ。*Swallenochloa subtesselata*（タラマンカ山系、コスタリカ）

McClureが1973年にChusquea属の中の数種を独立させて本属を示したもので、1980年にCalderin et Soderstromが7種を同定した。しかし、最近になってアメリカの一部の学者らが再度Chusqueaに復帰させようとする動きもある。両者の違いではSwallenochloa属はChusquea属に比べて小形で堅く、密生していることや、中空があり節間が短いことを根拠にしている。葉は皮状で堅くて厚いこと、上向きにつきモザイク的である。

分布はコスタリカ、パナマ、エクアドル、ベネズエラ、コロンビア、ペルーなどの2,500〜3,500mの樹木限界付近。熱帯アメリカのタケ類の中で最も標高の高いパラモ（風衝草原）に生育する属で、利用されていない。

アフリカ地域

広大なアフリカ大陸のなかでタケが分布しているのは降水量と気温が生育要因として十分な北緯16度から南緯22度の範囲内であり、その中でもやや広い面積に分布している国は、東アフリカでは高地帯のエチオピア、高山を持つケニアやタンザニア、高原のあるウガンダ、それにマダガスカル島である。西アフリカではナイジェリア、セネガル、ギニアそして中部アフリカのマウンテンゴリラが住む地域のカメルーン、コン

ゴ共和国などがある。いずれの国においても気温は生育上問題にはならないが、降雨量が多い地域に限定されることが指摘できる。上記以外の国でも、小面積であればタケが分布している国はさらに何カ国もある。これらの国々で最も分布面積が広いのは東アフリカから西アフリカ東部にかけて広く分布しているArundinaria alpinaであり、ついで東アフリカを縦に分布するOxytenanthera abyssinica、南部に多いのがOreobambos buchwaldiiである。なお国際森林研究機関連合（IUFRO、1985）の報告によると、マダガスカル島には多くのタケが生育していて、その中には青酸を含むタケを食するジェントルキツネザルが生息している。このことについては第5部のマダガスカルの項を参照していただくことにしよう。

アルンデナリア属（Genus Arundinaria）

アルンデナリア属の多くはヒマラヤ、中国、ケニア、タンザニア、ザイールなどアフリカの標高2,000m以上の高地に分布している。したがって通常はタケが自生していないヨーロッパの寒冷地でも野外で栽培することができ、イギリスでは生垣として植栽されている。一般にブッシュ状に生えて、1節から多くの分枝を出し、葉はArundinaria giganteaのように長くて幅広いものから短くて細いものまである。また本種は葉の両面に柔らかな毛が生えている。稈は1.5～8mで、直径は1cm程度、節間は20～25cmである。用途としてはマット、バスケット、雑貨品、屋根材、治山用などに利用されている。

Arundinaria alpina　K. Schum

分布：東アフリカに広く分布していてエチオピア高原から南はジンバブエまで、西はザイールのタンガニイカ湖、南アフリカではザンビアやジンバブエの東部、その他カメルーンやコンゴまで及んでいる。いずれも標高2,000m以上の高地である。マラウイでは広葉樹林内に点在し、タンザニアではアリューシャ、ムブル、ムベヤの各州の他、イリンガの高地帯でも見られる。メルー山（タンザニア）やケニア山（ケニア）の2,500

〜3,000m辺りには1団地で数万haもある広大な林地があり、ケニアにはこの他にも各地で見ることができる。ルワンダやウガンダ、その他の国にも生育しているという情報を得ている。

特徴：ケニア山で見た稈の形状はマダケを細くした程度の*Arundinaria alpina*であった。調査してみたいという衝動に駆られたが、危険な野生動物が住んでいるとのことで車から降りることも入山許可も得られなかった。

ケニア山の山腹に生育している
Arundinaria alpina

用途：柵、手すり、建材などに利用されていたが、生育地が住居地から離れているために利用そのものが一般的でない。

開花：ケニアでは大面積で開花したという記録がある。

オキシテナンセラ属（Genus Oxytenanthera）

アジア、東アフリカの亜熱帯に相当する地域に広く分布し、稈は実竹状になっていて、空洞は殆どない。木本性やよじ登り型の種が7種知られている。稈長は8〜16m、胸高直径6〜10cm、節間長約20cm、葉は15×3cmほどの大きさである。開花周期は7〜8年といわれ、多くの小穂、長楕円形の5〜8mmの頴果ができる。用途は細工物、棹、バスケットなどで、製紙用にも栽培されている。

Oxytenanthera abyssinica（A.Rich）Munro

分布：エチオピアからマラウイ、ザンビア、ジンバブエまで分布している。ケニアでは植栽地もある。エチオピアでは丘陵地帯やサバンナウッドランドに生育している。しかし、ブルンジでは1,500m前後の高地で見ることができる他、マラウイやジンバブエでは半落葉乾燥林のあるところで見ることができるということである。

特徴：養分不足の不良地で、しかも乾燥地で見られるのは稈長8〜

10m足らず、胸高直径5cm程度の小形のタケで、稈は黄色。農家の周辺に植えられているのをタンザニア南部のイリンガ市近くの農村地帯で見ることができた。多くは森林内のギャップや開放地、もしくは標高1,100〜2,100mの河川沿いに生育している。

　増殖：挿し竹は困難であるが、実生苗の生育は非常に速く、3カ月で6mになる。

　用途：主たる目的は冠婚葬祭に利用する酒をタケノコから作るために個人で栽培しているという。詳細については熱帯性タケ類の利活用、熱帯アフリカの項を参照のこと。

オレオバンボス属（Genus Oreobambos）

　タンザニアではマラウイ、ザンビアなどよりも低地帯で生育するが、多くの種は標高300〜1,000m近くまで生育している。ただ、孤立している株や常緑林内のより開放的な高原地帯で見ることが多い。また、ウガンダなどでは生育が活発ではなく、最高でも12mの長さまでしか伸びない。生育地は湿地帯である。

Oreobambos buchwaldii　K. Schum

　分布：本種は東アフリカの固有種で、ケニアを除いて標高300〜1,930mに分布している。ブルンジでは河川沿いにパッチ状で見られ、マラウイやザンビアでは標高400〜1,950mの間で広く生育しているのが見られるという。

　特徴：稈は18mにもなるが空洞があり、弱く折れやすい。

　用途：利用されている例は殆どない。

第3部 熱帯性タケ類と亜熱帯性タケ類の姿

熱帯性タケ類の栽培

　熱帯性タケ類と温帯性タケ類の両者間で最も異なっていることは、地下茎の有無による生態の違いである。新たにタケ類の栽培を始めるに際して、日本人の起業家が現地で植栽や栽培を行ってつまずきを覚える第1の原因が、こうした相違についての知識不足にあることが多いと気づくことがよくあるので、ここでは栽培地の選定から植栽、保全管理に至る一連の流れを簡単に述べることとした。

栽培地の選定と準備

　すでに土壌の項でも述べたように、熱帯地方で多く見られる赤色土壌（ラトソル）の土地や粘土質の多い土壌では水捌けが悪く、タケの生育も悪いことから、必ずしも栽培に適した土地だとはいうことができない。熱帯地域にはこうした土地が各地で見られるが、イネ科植物がどれほど生育しているか、あるいは樹木の生育が良くないかどうか、さらに大きな岩石や礫が散在しているかどうかなどからでも初歩的な適地の判断は可能である。
　地形については温帯や熱帯では多くのタケ類が平坦地もしくは丘陵地に分布しているのをよく見ることができる。タケそのものも傾斜地に生育していると急激な降水によって土壌が流亡し、また斜面上部の稈や葉が覆いかぶさるようになり、伐採の際に多大の労力を費やすことになる。日本のように斜面での植林作業に慣れている場合はともかくとして、傾斜地での植栽経験が少ない現地の人々にとっては伐採時の作業も含め

157

て、その進捗を困難にさせることもあるので、新植栽地としては除外するのが望ましいといえる。

　植栽地の選定には土壌や地形もさることながら、最も大切なことは年間の降雨量がどれだけあるかである。熱帯雨林や熱帯モンスーン地帯では年中降雨があるだけに植栽には最適の場所となる。ただ雨が多くても粘土分の多い土壌では透水性が悪く、停滞水をもたらすことから根腐れが起こることもあるので避けるに越したことはない。

　次に農地や畑地を植栽地に転換する場合は、それまで耕作が行われていた場所は問題なく利用が可能である。できれば前もって植栽候補地のpH値を計ってみる必要がある。強酸性土壌では都合が悪いからである。これに対して放棄地では現在どのような植物が生育しているか調べておくことが重要で、多くの植物種が生えているほど導入する植物が適応しやすい良い土地だと判断することができるのである。

　たとえば草本植物だけでなく木本植物である樹木類が多ければ乾期が短いか、あるいは乾期そのものがないということが判断できるのである。植生が単純であればあるほど新たな植物を導入するには勇気が要ることになる。そこには特殊な、あるいは特定の成分が含まれているか欠けていることが予想できるからである。

　このように土地の選択は、将来にわたってタケの生育や成長に大きな差異をもたらすだけに慎重に行わなければならない。

竹苗の準備

　温帯性タケ類の苗作りは、①株分け、②実生苗の両者に限定されるが、多くの熱帯性タケ類では、①株分け、②挿し竹、③実生苗、④取り木の4種類が適応できる。

株分けによる苗作り

　熱帯性タケ類では地下茎がないだけに掘り取りは簡単で、地中で分岐

している稈基部分を切り取って掘り上げるか、大形の掘削機で株全体を掘り上げてから根を短く切り、1本ずつ稈を切り離し、それぞれの根元に堅くて大きく、そして健堅で丈夫な芽子が数個ついていることを確認しておく。稈の長さは背丈か胸高程度の長さに切断する。この場合、大形種では枝葉

熱帯性タケ類の株分け苗

がついていなくても活着することを確認している。小形種では稈の上方に葉つきの枝を数本つけておき、枝の先端部を剪定して葉からの水分蒸散をなるべく抑制する。もしも将来、稈をバイオマス利用する場合は、なるべく太くて大きなタケの種類を植栽するのがよい。苗にするタケの年齢は株の外側にある若いものを選ぶことで、古いものは芽子が欠けていることが多い。

　株分けによる苗の植え付け時期は雨期に行うことになるが、掘り上げ作業は植栽適期の前半にできるだけ早く行うことを原則とする。土から掘り上げて苗作りの作業を終えたものは、根元の芽子のついた部分が乾燥しないように水分を含んだ布かコモのようなもので包んでおくか、日陰で保護するようにする。

挿し竹による苗作り

　挿し竹苗は1～2年生の稈を伐採し、1～2節つけた状態の稈の節間部を円筒状に切断する。種によっては稈の中央部付近の枝が出ている部分より上部が平均して発芽しやすく、先端部の細い部分でも発芽はするものの蓄えられている養分量が少ないために太いタケノコ（新稈）を出すまでに日数を要することになる。枝のついている部分は、ほぼ枝の分岐部分から10cmほど先端で剪定しておく。したがって通常1本の太い大形の稈から20～30個の苗ができることになる。こうしてでき上がった

円筒状の原苗は雨期ならそのままの状態で地中40cm程度の深さに枝もしくは芽のついた部分を上にして水平に埋める。降雨が少なければ空洞部分に泥状にした土を入れてから埋めるか灌水を十分に行う。

　種によってタケノコが伸びてくる日数は異なるが、おおよそ50日前後と思ってよい。ただ最初のタケノコが発生してきても、しばらくそのままにしておき、大半の挿し竹苗からタケノコが育ち、葉が発生してきた後に植栽予定地に定植するのがよい。

熱帯性タケ類の挿し竹苗と埋設法

実生による苗作り

　実生苗を作るにはタケが花を咲かせて種子をつけることが前提になるのはいうまでもないが、熱帯性タケ類の特徴の一つは温帯性のタケ類よりも頻繁に開花する種類が多いことと、結実種子の発芽率が高いことである。したがって、熱帯性タケ類では種子さえ得られれば実生苗作りは容易である。ただ、Melocanna bacciferaの種子は30〜35日間程度で発芽能力を失い、長期保存が可能とされているThyrostachys siamensisでも1年半ほどで発芽能力が失われるといわれている。しかも、低温貯蔵が期待できないこともあって長期間の貯蔵ができないことから、種子が得られれば温帯性タケ類の場合と同様に早期播種が求められる。

　Brandis（1921）は熱帯性タケ類の開花を三つの型に分けている。すなわち、①毎年あるいは1年以内に開花するが枯死しないものとしてArundinaria wightii、Bambusa liniata、そしてOchlandra stridulaを挙げ、②やや周期的に集団開花して結実後に枯死するものとしてBambusa polymorpha、B. bambos、Melocanna bacciferaを、③不定期的に集団開花（比較的大きな林分集団で短期間に全てのタケが開花す

第3部　熱帯性タケ類と亜熱帯性タケ類の姿

ること）するか、もしくは部分開花（林分集団が数年かけて開花すること）するもの、たとえば*Oxytenanthera albociliata*、*O. nigrociliata*、*Dendrocalamus strictus*、*D. hamiltonii*、*D. longispathus*、*D. gigantius*、*Cephalostachyum perigracile*、*Arundinaria falcata*などが示されている。明らかな部分開花は*Gigantocloa scortechinii*で見られるが、この他②の*Melocanna baccifera*は30〜45年、*Bambusa bambos*で32〜45年、③の*Dendrocalamus strictus*では20〜65年というおおよその周期があると報告している。

　種子は種皮を取り去り半日程度水に浸けた後、浅い鉢または排水のできるプラスチック製のポットに蒔く。灌水は表土が乾燥しない程度に朝夕に行うと発芽は1週間から10日ぐらいで始まるが、苗が成長しているのが確認できれば日中は直射日光が当たらないように日覆いをすることが必要である。発芽後は最初に葉が出てくると数日後にはタケノコが出てくる。こうした過程を数回繰り返すたびに少しずつ大きな稈を発生してくる。隣接の苗と接するような大きさの株立ちになると再度移植して苗畑で育てる。育苗については発根すれば山出しまでの期間を苗畑で養生するほうが健苗に育てられるので、土を盛り上げた上げ床の苗床に植え込み、稈の高さが50cm程度になれば山出ししても問題はない。雨期以外の植栽では植栽時に十分灌水することが大切である。

取り木苗作り

　樹木では枝の周囲の樹皮を幅4〜5cm程度に剝ぎ取り、その部分に水を含ませた水苔を巻きつけ、さらにその上をビニールで覆って内部が乾燥しないようにして発根させるが、タケの場合は枝分かれしている部分を稈とともに水苔で覆い、水分がなくならないようにビニールでさらに覆っておけば発根させることができる。発根には多少日数を必要とするが、発根後は枝の根元から切り取って植栽用の竹苗とすることができる。ただこの方法は降雨の多い熱帯雨林地方でできる方法で、実際に試みた結果では、*Dendrocalamus asper*で50％の発根が見られたが、

Bambusa vulgaris や *Dendrocalamus giganteus* では10％程度であった。

組織培養による苗作り

最近になって各国で取り上げられているバイオテクノロジーを用いる方法で、インドでは1990年頃から、中国では2000年頃から、日本でも10年余り前頃から芽や組織から培養されているが、培養基の問題、培養室や無菌室などの設備の問題、技術的な問題などがあって現在まで実験室内でカルス（植物の傷口にできる脱分化した不定形の細胞の塊）を作る程度までしか完成していない。しかし技術的には可能であるので、コスト面などの問題が解決できれば、いずれ販売も可能であろう。

熱帯性タケ類の取り木（竹）苗

植栽方法

地ごしらえ

耕作跡地を利用する場合は作物収穫後に全面耕耘しておき、植栽位置に半径50cmの植え穴を掘り、肥料や堆肥を入れてから改めて耕耘するのもよい。森林伐採後地の場合は地表部の全面を整地して切り株が残っていない状態にしてから植え付け位置を決め、前者と同様に肥料を混ぜて植え穴を準備しておく。基本的には窒素、燐酸、カリ（5：5：1）を配合した化成肥料を土に混ぜておく。以上は丁寧な地ごしらえの仕方であるが、現地の農民が実際に行っているのは簡単に植え穴部分の土を耕しておくだけで経費と手間を殆どかけない方法をとっている。

しかし、アグロフォレストリー（ある土地に植林した際、その場所に植林した樹木が成長するまでの期間）の導入を計画するのであれば、全

面耕耘をして農地としても利用できるようにしておく必要がある。地ごしらえの作業効率から言えば乾期の終わり頃の農閑期に行っておいてもよいが、実際には土壌水分のことも考えると雨期の始まり頃が適期といえる。

植え穴

いずれの苗を使うにしても最低、直径50cm、深さ40cm程度は土を掘っておき、その部分に水をたっぷり入れて泥状にしておいてから苗を沈めるようにして静置させ、上から土を水平になるまでかぶせて踏み固める。この場合、稈が1m以上の苗を用いる。そして、①株分け苗では稈の下部を支柱で固定する。②挿し竹苗の場合は静置して土で覆い、足で踏み締めるだけで十分である。③実生苗や取り木苗では必ず葉が地上に出ている状態で植え付けるのがコツである。

植栽本数

標準植え付け本数は中径級の*Bambusa vulgaris*では5〜7m四方に植え付け、太い*Dendrocalamus gigantius*では7〜10m四方で十分である。したがって5m間隔では440本／ha、10m間隔では120本／haとなる。

植栽時期

熱帯雨林地域では基本的にはいつでも良いということになるが、雨期や乾期が交互にあるところでは雨期が始まってから行う。このため苗作りはそれよりも前となるが、できれば植栽の前年に苗を作っておいて雨期を待って植栽することが理想的である。

保育と管理

熱帯のタケの利用には細工物用、建材用、燃料用などの材料にすることが殆どであり、細工用では弾力性、曲げ強度、通直性などの物理性が

重視されるために種の選択が関わることになる。しかし、建材や燃料材、繊維採取などを目的とする場合はバイオマスが大きい稈、すなわち太く、大きな形状になる種類を選択しなければならない。こうしたタケの栽培上の管理は概して粗放栽培を行うことを前提とする。よほど土壌養分が少ない場合には発生本数の増産を期待して施肥も必要であるが、過分な施肥はかえって材を軟弱にしてしまうので勧められない。

伐りすかしと伐採

熱帯に分布しているタケは古い稈を中にして外側へ外側へと新しいタケノコが出てくる傾向があるため、3～4年生の稈を利用しようと思えば数年後に伐りやすいように株の形を誘導しておくことである。つまり古いタケを取り囲んでしまう前に新しいタケも間引くことである。すでに年数を経た大きな株は、円形状の株を部分的に1／4伐っておく方法もある。この場合は年齢に関係なく伐ることになる。主伐については雨期のタケノコの成長時期を避けて乾期に伐採するのがよい。

灌水

現実には広大なタケ林を灌水によって水分補給することはできないので、降雨期間の長い土地を選ぶことが大切である。そのためにはタケが従来生育している地域に焦点を当てることである。と同時に、どのような種類のタケが生育しているかを観察しておくこともよいであろう。

病虫害

多くの害虫類は薬剤によって駆除することができるが、害虫の被害によって稈が枯れることはまずないと考えてよい。むしろ伐採後に穿孔するシンクイムシ、カミキリ類、キクイムシや、タケノコの時代に穿孔する害虫もいるが、いずれも薬剤で殺すことができる。したがって、これらについてもそれほど切実な問題ではないといえる。

熱帯性タケ類の利・活用

　熱帯地方とか熱帯地域と聞くと日本人はまず日本の夏をイメージして暑い場所を思い浮かべるが、定義としては年平均気温が20℃以上で、かつ年間を通して温度変化の少ない地域ということになる。このほかの定義では赤道を中心として南緯、北緯とも23度27分以内の地域というのもある。

　日本では最低気温が25℃以上の寝苦しい夜を熱帯夜と呼んでいるが、熱帯でも夜が涼しいところもあるので、この言葉は決して正しい表現とはいえないのである。何はともあれ熱帯にはアジア、南アメリカ、アフリカという三大陸とオセアニア諸島の大部分が含まれていて、それぞれ住んでいる人種も風土も異なっているが、竹の利活用という点ではかなり共通したものがある。恐らく竹という素材が持っている特徴から利用はできるものの、発想には人類共通のものがあるからではないかと思うのである。

熱帯アジア地域

　この地域には熱帯雨林や熱帯モンスーン帯に含まれている国々だけでなく、亜熱帯地域に属する国もある。そのいずれにおいてもタケが生育できる条件は満たされていることから、他の熱帯地域に比べて属や種の多い地域になっている。しかも、東アジアには日本や中国といった竹の利用が古くから盛んな国も含まれており、その影響を受けて各国とも資源という意識を持たないままに活用してきたという実態がある。

農村地帯の竹製の住宅（バンビエン、ラオス）　　駐車場の基礎作りに秤を編み、その上にコンクリートを張る（バンビエン、ラオス）

建築資材

　アジア地域の殆どの国で竹は建材として利用しているといっても過言でない。それも支柱や内装材としてだけではなく、一軒の家としてまるごと構造材から化粧柱や付帯のインテリアや家具に至るまで単純な工法であるが上手に使っている。

　フィリピン、ラオス、ミャンマー、タイ、インドネシア、インド、バングラデシュなど東南アジアや西アジアの国々では今も農村地帯や低所得者にとってはかけがえのない住宅資材なのである。とくに竹を使う利点は、個人や集落の人たちの協力によって素人でも経験と技術さえあればそれほど経費をかけることなく建てられることである。ただ困ったことに、こうした竹の家を正面切って政府から"Poor people's house"と呼んでいる国があることで、国威を示すためにもう少し立派な家を建ててほしいという気持ちが込められているのかも知れないが、現実にタイでは土地を持たない住民が河川の上に竹の家を建てていることやカリマンタンでは横長のロングハウスに多くの家族が住んでいる例もある。

　しかし、他方ではフィリピンで見られるように、タケが好きなるが故に、あえて竹の家に住んでいるインテリもあり、ミャンマーではヤンゴンにある植物園の標本庫でも立派な竹建築なのである。また、フィリピンのパナイ島では一般住民の住宅の多くが竹製の家であり、インドネシ

アのスラベシ島には数多くのトラジャ族の船形ハウスの集落があって、竹を使った貴重な文化遺産にすらなっている。

われわれが興味を抱くのは、各民族によって建てられている家の壁の編み方が異なっていることであり、そこには風土や民族の好みと伝統的な生活の知恵が生かされているようで微笑ましく感じるのである。中国の大都会に建設中の鉄筋建築の足場丸太は今も竹材が使われている。

生活用具

どこの国でも見られるのが生活と直結している道具類で、たとえば山村地域では河川での魚捕り用の籠類、笊、筌などの基本構造は類似している。使っている民族によって多少形や大きさが異なっているのは利用する河川によって違った流速、流量、構造、魚の種類などに合わせて工夫しているのである。以前は家庭内で使う箸、串、器など諸々の物が竹製であったが、最近では毎日使う食器類が意外と山村でも磁器や陶器（最近ではプラスチック製）に変わりつつある。

この他、竹筒飯の容器、ござ、簣、帽子、動物の捕獲用吹き矢などもアジア各国で共通している。籠類に関しては多くの種類があり、日用品から工芸品に至るまで極めて多彩である。数え上げればきりがないが花器、扇子、梯子、その他の民具などにも使われている。

楽器

タケはもともと打楽器としても管楽器としても使えることから、インドネシアのバリ島ではガムランや、穏やかな音色を出す竹製で縦笛のスリンがある。西部のドウグン、ジェゴグ、トガトンなどはインドの影響を受けているミャンマー、ラオス、タイ、カンボジアなどと、ベトナムのように中国の影響を受けている国がある。

ラオスでは日本の笙の原形だという楽器を見せられたことがある。フィリピン以外の国でも行われているバンブーダンスは２本のタケが当たる際に出す音でリズムをとる。そうやって楽しんでいる人たちを多数

アンクルン（竹製体鳴楽器）はオクターブに調律した数本の竹筒をいくつも組み合わせて演奏する（インドネシア）

モウソウチクの根元を利用した中国特有の彫刻

見受けることができる。アンクルンもその点では同じで、音階の違うものを集めて多くの人が集まって合奏している。さらに竹笛、竹琴、竹太鼓なども同様に数多くの人たちでグループを作って楽しむ演奏楽器である。

家具

大形のものでは机、椅子、書棚、置き棚、寝台、衝立などがある。

製紙

インド、バングラデシュ、タイ、ラオス、フィリピン、台湾など多くの国々では、これまで製紙工場で竹繊維からパルプを作り、紙にしてきたが、最近は資源不足からインドはラオスからタケを輸入し、木材と混ぜて製紙工場を稼働させている。このような国が増えている。

農林水畜産用具類

各国で農業用に野菜籠、作物やバナナの支柱、棹、添え竹などとして利用し、漁業用では魚籠、筌、筏、養殖筏、囲い込み法のえり、小形の渡し船のフロートなど、畜産用では柵、その他に用いている。

第3部　熱帯性タケ類と亜熱帯性タケ類の姿

その他

インドでは竹繊維が衣類に以前から使われている。また、中国系の人たちが住んでいる国ではマチクがタケノコ生産用に栽培されるだけでなく、メンマに加工されて食用として流通している。

以上のように熱帯アジア各国では中国系の人々が多く住んでいる関係もあって、各国とも日常生活に多くの竹製品を使ってきた。よってアジア全体が「竹の文化圏」と呼ばれるのも当然であろう。

熱帯アメリカ地域

この地域の中米から南米にかけての、いわゆるラテンアメリカと呼ばれている範囲内にある国々にはタケがどこにでもある。なかでもブラジル、パラグアイ、ウルグアイ、ペルーなどにはヨーロッパや日本、中国などからの移住者も多く、自生種だけでなく自国から導入した外来種のタケが多く生育している。これらは農業用資材となっているのはもちろんのこと、在来種のGuadua属のタケは堅固で大形なことからコロンビアをはじめ近隣諸国では建築材として植林が進められている。

この地域に住んでいる人たちにとって大きなタケといえば、どこの国でもグアドアを指すほどよく知られている。しかし、小物の雑貨品となると台湾や日本からの移民者が持ち込んできた熱帯アジア産のタケが利用されている。彼らにとってやはりグアドアは大雑把なイメージがあり、細工物には向かないというイメージがぬぐい去れないようである。

建築資材

建築材として各国で利用しているのは圧倒的に*Guadua angustifolia*である。その典型的な例はコロンビアで、低所得者の住居から上流階級の人たちの別荘に至るまで千差万別である。この国の建築技術が進んでいるために中米の国々もコロンビアから技術者を招いているが、それらは

いずれも住宅にとどまっている。しかしコロンビアではもっと一般的で、高級住宅のコンドミニアムでは団地内のガードマンのボックスとか池の中の展望台に至るまでこの竹の種類で建てられている。

集会所の巨大な屋根を支える*Guadua angustifolia*（プエルトペナリサ、コロンビア）

楽器

ラテンアメリカといえばブラジルのサンバ、アルゼンチンのマンボなど激しいリズムの賑やかな音楽が多く、祭りに楽器を欠かすことができないだけに、いろいろな利用が考えられている。とにかく管楽器や打楽器として各国さまざまな種類がある。

ペルーやボリビアなどでは本来ケーナと呼ばれている葦が使われているフルートに換わる横笛もあり、国によっては太めのササが使われることもある。

垣根

牧場ではなく、むしろ数頭の家畜を飼っている農家では、竹で囲いを作って野菜畑などを守っている例も多い。

家具

イベントで見掛けるのは家具類で、出来栄えは決して良くないが極めて素朴な机、椅子、書棚、ベッドなどが出品されている。あまり裕福でない家庭では自分たちで工夫を加えてブランコ、ハンモックなどを作って子供たちに与えているところもある。

その他

各国ともに都会は意外と進歩的な商品も多く、近代的なことに驚かさ

れるが、地方へ行けばそのギャップを思い知らされることもある。アマゾン地域では漁具、農村では農作業に必要な竹製の道具類はまだまだ見ることができる。バナナの栽培地では果実が実ってくると重みで茎が倒れないように竹の支柱が必要なことから大切に取り扱っているのを見ることができる。

熱帯アフリカ地域

概してサハラ砂漠以南の熱帯の西アフリカはサバンナから半砂漠地帯が多く、タケは殆ど見られない。東アフリカでは、どの国も乾燥地を抱えてはいるが、サバンナ林から森林も多少見ることができる。

しかし、それでもタケの生育はほとんど期待できないが、ところどころで庭に植えられたタケに灌水することで、やっと育っているのを見ることができる。

水汲みに女性が集まる井戸の近くにほんの数株のタケが生えているのは、絶えず水をこぼしたり水浴びをするためのおこぼれ水があることと、そこに株立ちの大きなタケが育っていると日陰ができておしゃべりするのに都合のよい場所になるからであろう。各地の高山へ行けばタケの生育地が見られるが、人が住んでいないこともあって、以下に述べる程度の利用である。

垣根

決して小奇麗ではないが、集められた稈で住居の周囲や畑の周囲に家畜の侵入防止柵として利用する他、カメルーンのヤウンデでは生垣として小さなタケを利用している住宅が何軒も見受けられた。

竹細工

初歩的な籠、笊、筌、水路溝などを作って利用している国をところどころで見ることができる。

レストランの前で見たDendrocakamus gigantius（キンデイア、ギニア）

食用・酒

タンザニアやウガンダでは、*Oxytenanthera abyssinica*のタケノコや種子が食べられている。種子は米と同様に炊いて食べるとおいしいという。タンザニアのイリンガ地方では各農家で本種が栽培されていて、タケノコの先端部を切り、稈になった下方部分を1週間程度朝夕叩いて傷をつけ、そこから滲み出てくる液を2日間発酵させると2週間後には地酒として飲むことができる。これを祝い事や祭事に利用している。

また、貧しい農家ではタケノコを小さく切り、つばを吐き込んで発酵させてから自宅で飲むということを現地で聴取したことがある。

オセアニア

オセアニアで最大の国はオーストラリア、次いでパプアニューギニア（島の東半分）、ニュージーランドと続く。その他のキリバス共和国、サモア独立国、ソロモン諸島、ツバル、トンガ王国、ナウル共和国、バヌアツ共和国、パラオ共和国、フィジー諸島共和国、マーシャル諸島共和国、ミクロネシア連邦といった国々の他に、アメリカ、イギリス、オーストラリア、フランスの属領となっている島々がある。最初の3ヵ国を除けば、いずれも小さな島嶼国であり、栽培するにしても潮風に弱いタケは困難であろう。

ソロモン諸島にはタケの稈を用いた祭りもあるだけに、少し大きな島にはタケが生育していることも考えられる。しかし、タケの種類や面積についての資料は見出されないので、ここでは地域を代表してオースト

ラリア、パプアニューギニア、ニュージーランドの利用例を述べるにとどめる。しかし、いずれの国でも竹の利用に関しては殆ど行われていないと見なされる。

建材と雑貨品

パプアニューギニアでは多くの原住民が竹造りの家に住んでいて、生活用雑貨品、漁具、狩猟用の弓矢、手術用の刃物、ひげ剃り刃、毛皮の刈り込み刃まで竹製のものが見られる。かなり標高の高い場所の奥地に分散して集落を作って住んでいる原住民は今も自給生活を行っている。

楽器

祭り事が好きな住民にとって欠かすことができないのが楽器である。フルート、バンパイプ、トランペット、ハープ、太鼓のような管楽器、弦楽器、打楽器などとして利用されている。

その他

日常道具では笊や籠類などの細工物が各家庭で使われている。

亜熱帯性タケ類主要種の分布・特性

　亜熱帯の範囲は緯度からいうとその範囲が狭く、しかも熱帯から暖温帯への移行帯でもあるだけに植物にとっては高温よりも低温に大きく影響されることになり、長期的に生育を継続できる一つの方法は寒さに対する耐性がどれだけ存在するかということになる。

　この地域はまた日中の気温は熱帯的と呼ぶのがふさわしく、感覚としてタケの分布は低地の暑い場所を対象とすることになる。実際に亜熱帯地域に分布している典型的なタケ科の属はメロカンナ属ではないであろうか。

メロカンナ属（Genus Melocanna）

Melocanna baccifera（Rixb.）Kurz Syn. *Melocanna bambusoides* Trin

　地方名：Muli（インド）、Berry bamboo（英語）、Kayinwa、Tabinwa（ミャンマー）、Muli、Paiyya（バングラデシュ）

　分布：インド北東部、バングラデシュ、ミャンマーの辺りが原産地とされているが、バングラデシュにはチッタゴンやその近隣に10万ha、ミャンマーではアラカンヨマに70万haなどの広大な林分があり、インドを加えると相当広いタケ林があると推定される。小規模には植物園や個人の農園で栽培されている他、香港、台湾、東南アジアの国でも栽培されている。チッタゴン丘陵では年最低気温10〜25℃、年最高気温24〜36℃、年平均降水量は2,000〜3,000mmで、11月から3月は乾期である。平地から緩傾斜地で排水のよい砂質壌土か砂質土壌で見られる。

第3部　熱帯性タケ類と亜熱帯性タケ類の姿

特性：地下茎は連軸型であるが0.5〜1mほど地中で伸びているため、地上では稈が単軸型のように散生して見える。稈長は10〜17m、胸高直径2〜8cm、節間長は25〜50cmで、木質部は下部ほど厚い。発生初期の稈はグリーンであるが、数年後には黄褐色に変わり、まれに美しい縦縞の入るこ

*Melocanna baccifera*の大きな果実（アッサム州、インド）

とがある。節の下側には白い粉がついている。皮はマダケよりも小さい。葉は14〜28×3〜5cm。果実は4〜12cm×3〜6cmで重さは50〜180g／個、イチジクのように見える。果実は落下すると直ちに発芽するが、稈についたままでも発芽する。稈の生産量（気乾重量）はバングラデシュのみで30万t／年程度見込まれている。

　バングラデシュでの開花は通常12月から1月にかけて起こり、1周期は30〜45年で集団開花するが、場所と広さによって開花期間は10年間もかかることがある。また開花すると間もなく落葉し、稈は黄化して果実ができる。成熟して落下するのは4月から6月であるが、未熟のものは最初にできる大きいものである。開花稈は開花によって枯死するのは当然である。

繁殖：雨期の初めに果実の扁平な部分から発芽する。最初はタケに見えないが、初年度に5回ほど繰り返してタケノコを生じ、最後のものは約3mの長さになる。2年目も同様にタケノコを繰り返して発生し、最後は7mほどになる。5年後には1株70本程度の稈が生じて最大の稈に達する。この点はモウソウチクの実生苗と似ている。

亜熱帯性タケ類の利・活用

　Melocanna属のタケに関してはバングラデシュで建築材、バスケット、マット、竹細工、仕切り板、スクリーン、帽子、台所用品などに使われる他、製紙原料にもなっている。タケノコは食用となり、チッタゴン周辺の人たちにとっては雨期の食品となり、乾燥タケノコとして保存食にもなる。とくに大きな果実は飢饉の時の食料（澱粉が多く含まれている）となるほか家畜の餌としても利用される。葉から蒸留酒が作られているといわれている。

　ここでは取り上げなかったが、台湾では台湾マダケ、モウソウチク、シチク、マチクなど多くの温帯性タケ類が栽培されている。いずれも最初から栽培目的が定められているだけに生産意欲にも確かなものがある。標高差を活用することで温帯性タケ類や熱帯性タケ類に加えて亜熱帯性タケ類も生育できるので、広く利用されているのは自明のことであろう。

第4部

世界各地の
タケの分布状況

マレーシアの森林研究所の庭に植栽されている*thyrostachys siamensis*

◆第4部のねらい

　これまで各地域における主要なタケの属や種について述べてきたが、ここでは各国別にタケの分布情況を総合的に取り纏めることにした。

　ただ、タケが生育している国を綿密に取り上げてみても、タケそのものが量的に多く生育していなければ産業やバイオマスとして利用できないので、話題性も低いことから、その国自体があまりタケに対して深い興味を抱いていないことも考慮した。

　ここでは筆者が実際に訪れて何らかの知見を得た国のことについてのみ述べるのがよいのではないかと思ったので、あえてそれらの国々の中からタケを資源植物と考え、また利用している国を選んで記述した次第である。

　ただ、これまでに刊行した著書でもいくつかの国について述べているので（1994年初版　研成社ほか）、当該国についてはできるだけ新しい情報を記載し、なるべく重複しないように心がけるとともに、その際、取り上げなかった事項の要点をここで示した。

アジア大陸主要国のタケ分布

　アジアには特異な形態をした植物が生育していて、多くの民族がそれを日常生活にふんだんに取り入れて使っているということを知った欧米人が「アジアは竹の文化圏だ」と称してから早くも1世紀以上経過した。
　今でこそタケそのものが国際化の波に乗って、本来なら生育し得ない環境下にある北アメリカやEU諸国でも温室に入れて管理し、また鉢植えにしたり、耐寒性のある種を庭園に植栽するほどになっている。それだけに原産種の多いアジア各国を歩いてみると、先の言葉を現実のものとして受け入れることができるのである。そこで、代表的な地域内の各国におけるタケの生育状況を述べることとした。

インド

　インドの地勢は、北から南に向かって大きく三つに分けることができる。
　①ヒマラヤ山脈とその周辺山脈を含む山岳地域：この地域には平行した三つの山岳地があり、最南地には標高2,000m以下の山脈が東西に走っていて外部ヒマラヤの前山となり、その北側には標高2,300～5,000mの小ヒマラヤ山脈がある。さらに北側にあるのが標高6,000～8,000mに達する大ヒマラヤ山脈である。この地域一帯は概して高山気候帯に属するが、標高4,500m付近まではササ類の生育が報告されている。
　②沖積層からなるヒンドスタン平原地域：ヒマラヤ山脈とデカン高原との間には三大河川といわれているガンジス川（ガンガ川）、インダ

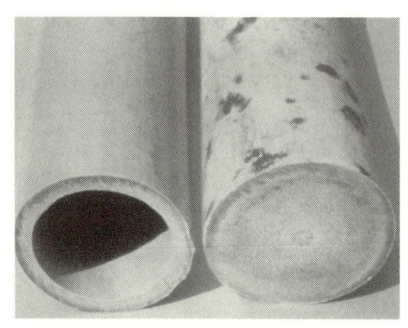

日本のマダケ（左）には空洞があるがインドの Dendrocalamus strictus（右）の基部付近は材で充填していて実竹となっている

ス川、プラナプトラ川が作りだした沖積層からなる大平野があり、標高は高いところでも300mまでで農業地帯となっている。東部のアッサム州からミャンマー西部、バングラデシュにかけては Melocanna bambusoides Trin が主で Bambusa tulda Roxb.、B. balcooa Roxb.、Teinostachyum dullooa Munro や Oxytenanthera parvifolia Brandis の群落がある。また、この平原の北部には温帯気候（Cw）があり、東部には東ガーツ山脈、西部には西ガーツ山脈がインド半島沿岸を南下していて、山麓には多くのタケを見ることができる。ただ首都のデリー以西では西に向かうにつれて乾燥が激しくなり、その先ではタール砂漠に達する。

③インド半島の沖積土からなる沿岸部と熱帯（Am, Aw）のデカン高原地域：インド洋に突き出た三角形状の高原地帯で、東西の両端には東・西両ガーツ山脈の南部が存在する。これらの山脈の外側は、いずれもインド洋に向かって傾斜しており、細長い帯状の海岸沖積平野を作っている。デカン高原一帯は降水量が少なく、しかも高温となり、ラテライト土壌からなる乾燥地が広いために、タケの林分は少ないが、乾燥地を好む Dendrocalamus strictus (Roxb.) Nees が多く、また、半島南部の外周低地には湿潤を好むタケ類の中では Bambusa arundinacea (Retz.) Willd が多い。

インドではタケ林が自然林のままで生育している場合が多く、その際は樹木との混交林を構成している。27属、273種が確認されていて、総面積は547万haあると報告されている。

第4部　世界各地のタケの分布状況

インドネシア

　大小17,508の島々からなる島嶼国のインドネシアは南北よりも東西に長く、その比率はほぼ１：2.5で、国土の中央より北寄りに赤道がある。国全体は高温多湿の海洋性気候であるが、ジャワ島東部や小スンダ列島などは雨期と乾期に分かれている。

　つい最近の統計によると、人口は世界第４位の2.42億人で、その２／３が首都のあるジャワ島に住んでいるだけに、島によって人口密度、文化、産業、経済発展などいろいろな面での格差が大きい国といえる。しかし、自然は豊かで広葉樹と混交している天然性のタケ林や樹木の伐採後にできた２次林のタケ林、1903年頃に導入種によって植林された人工林などがジャワ島、バリ島、スマトラ島、スラベシ島などに存在し、数年前の資料では11属、35種の中の１／３に相当する13種は日常雑貨品、家具、集成材を含む建築材、製紙用材などの原材料となる利用価値の高い種のみが導入されて、今日では経済林として有効に利用されている。こうした人工林の多くは農村の三大産物であるタケ、ココナッツ、バナナとともにアグロフォレストリーのシステムに組み込まれて栽培されているという特徴がこの国には存在している。

　生育面積の確かな数値は明らかでないが、東ジャワには26,000haがあり、この中の7,700haは製紙用の有用種からなっている。また南スラベシには15種のタケが生育している24,000haのタケ林を州の製紙会社が所有しているといわれており、スマトラ島やカリマンタン島などにもかなりのタケ林があると見られ、数十万haはあるものと思われる。ウドノサリでタケ林の構成を調べた報告によると、地域全体の30％は*Gigantochloa apus*、20％は*G. atter*、10％は*Melocanna humilis*、８％は*Bambusa vulgaris*、６％が*Oxytenanthera* sp.に似た種、３％が*Dendrocalamus* sp.、２％が*Schizostachyum* sp.、残りの20％が広葉樹であったという。このように多様な種が混生しているのがわかる。そ

サダン・トラジャの住居トンコナン（スラベシ島、インドネシア）

れでも中には*Bambusa spinosa*が純林を構成しているところもある。

インドネシアでは標高1,500mでも、熱帯性タケ類が生育している。南カリマンタンでは、ダヤク族の人たちが河川敷に*Dendrocalamus asper*を120haも植栽して生活に供しているという。なお、インドネシアでも熱帯地域で多く用いられている挿しタケ法によって増殖されている。しかし、株分け法も種によっては用いられており、いずれも雨期前に始めると4～6週間後に発芽（または発根）し、4年前後には収穫できるが完全な林分になるのは6年後で、3年のローテーションで伐採するという。インドネシアの島嶼の中でもバリ島はタケが各集落の祭りや生活文化のなかで利用されている。また、スラベシ島ではサダン・トラジャ族が生活に利用している、穀倉から発展して住居になったトンコナンは竹がふんだんに使われていることでも有名である。

韓国

韓国でタケが生育している地方といえば中部地方から南にかけてである。南部でも全羅南道（チョルラナムド）潭陽（タミヤン）郡が中心で、タケ林面積の25％が生育しているといわれ、最南端の生育地は済州島（チェジュ島）である。

光州市から北へ高速道路を30分余り行ったタミヤン・バスターミナルから、さらに車で5分ほど行ったところに、タミヤン郡が1998年に開館した「韓国竹博物館」があり、本館の第1展示室には韓国と世界のタケの種類や特徴がパネルで示されている。

第2展示室には栽培方法や竹工芸の道具類や竹細工作りのジオラマや歴代の竹製品の展示といったものがある。第3展示室は2階にあって生活用の工芸品の展示を見ることができる。第4展示室には以前あったタミヤンの竹物市場のジオラマがある。この他に竹の健康や食品について学ぶことのできるコーナーも作られている。別棟の産業館では竹の茶葉、竹炭、酒などが並べられ、竹細工の名人館、外国館などがある。敷地内にはあちこちに植えられたマダケ林が見える。

スリランカ

タケの調査が最初に行われたのは、今から8世紀前頃といわれている。タケの位置づけは、これまで森林区分の中の特用林産物とされてきたが、今日では林産物でのなかでもエネルギー資源としての役割を果たしている重要な資源とされている。

それは成長が速いことにあり、この数十年の間に経済的にも有用なものとして栽培される種が増えているといわれている。地理的には島の北部一帯は乾燥熱帯で、中部から南部にかけての内陸地帯には2,000～2,600m余りの高山がいくつもあることと、熱帯モンスーンの影響を受けて降水量も多く森林地帯を形成している。タケが多いのもこの中部地方以南であり、Arundinaria属5種の他、Pseudoxytenanthera属、Davidsea属、Ochlandra属、Dendrocalamus属、Bambusa属各1種の合計10種が固有種として認められており、この他に導入種ではBambusa属2種、Dendrocalamus属4種、Thyrosostachys属の各1種、合計7種が導入されているという。とくに有用な種はB.vulgarisで、日本のマダケのような役目を果たしていることから、低湿地には広く栽培しているのを見かけることができる。

また*Dendrocalamus membranaceus*は建材や製紙用として、また*D. asper*は食用タケノコとして利用されている。

地理的には大部分のタケの種類は標高1,000～1,500mに生育している

が、A. densifloraは山地草原の低温湿地、Och. stridulaは南西地方の低湿地、D. cinctusだけは北部中央の乾燥地に隔離されたように生育している。そしてD.cinctusとD. scandensは山の風衝地でもよく見られるので共通したところがあるといえる。なお、B. multiplexは広範囲に見ることができる。

　この国のタケ利用は建築に関わるものが多く、家、屋根材、壁材、塀、はしご、橋、足場材、筏の他、小物では竹細工、釣り竿、ペン差し、笛、杖などがある。1985年以降カナダのIDRC（国際研究開発センター）の支援によって研究が進められるようになり、キャンディ植物園にはこの他にも多くのタケが展示されている。

タイ

　タイのタケ事情について、種類と生育地域の関係はすでにその概要を自著に記載しているので省略するが、最近のFAO（国際連合食糧農業機関）統計によると生育地の総面積は26.1万haであり、1988年の81万haに比べると23年間に32.2万haも減少したことになる。こうした減少傾向は日本の減少原因とは全く別で、バンコック周辺地やタイ西部の平坦地にあった農業地帯がインフラ整備されるにつれて、海外資本による外国の企業が年々増加して工業団地がいくつも作られるようになったのに加えて、北部地域の森林開発が進んで農地に転換されていったからである。

　13属、90種はあるといわれている種類の中で、とくに重宝に利用されているのは大形種の*Dendrocalamus asper* Back（Pai Tong）で、タケノコ生産林造成のためにその苗タケが市販されている。しかし、このタケはこれまでタケノコ生産用や建材用に挿しタケによって植栽されてきたため、十数年前に各地で大面積開花を起こしている。

　この他、大形種のなかでは*Bambusa blumeana* Schult（Pai Seesuk）があり、建築材やマットとして主に使われている。また、*Thyrosostachys shiamensis* Gamble（Pai Ruak）、*T. oliveri* Gamble

(Pai Ruakdum)、*D. strictus* Nees（Pai Saang）の3種は稈の中空部が小さいためにパルプ材や建材として利用されている。この他、利用度の高い種類としては*Bambusa nana* Roxb.（Pai Liang）が細工用や庭園植栽用として、*Bambusa arundinacea* Willd.（Pai Pha）もまた細工用として、*Cephalostachyum pergracile* Munro（Pai Kaolaam）が建築材やフローリングに利用されている。

小形のタケであるが輸出用竹材として外貨を稼ぐ*Thyrosostachys siamensis*（カンチャナブリ、タイ）

台湾

　台湾中部のやや南寄りには北回帰線（北緯23度27分）が通っており、亜熱帯から熱帯北部に生育しているタケ類が低地帯に分布している。しかも、その多くは台北から高雄にかけて南下していき、台湾南部にある台南市の低地帯には*Dendrocalamus latiflorus* Munro（マチク）、*Bambusa stenostachys* Hackel（シチク）、*Leleba oldhami* Munro（リョクチク）、*L. dolichoclada* Hayata（チョウシチク）などの熱帯性タケ林が見られ、南投県の内陸部や高山地帯には管理されて経済林となっているモウソウチク林や*Phyllostachys makinoi* Hayata（ケイチク、台湾マダケ）林などの温帯性タケ林が栽培されている。

　タケの種類でいえば、マチクではタケノコからメンマが作られるほか建築材などとして利用されるためにタケ林総面積の50％余りを占めている。次いで竹細工や加工用の材料として利用価値の高いケイチクが25.5％、シチクが17％、モウソウチクやリョクチクはせいぜい2％となっている。ただ、モウソウチクに関しては渓頭や阿里山周辺の標高800～1,000ｍといった高地帯でタケノコ栽培が行われていて多数出荷されて

いる。また、前者よりも低い山間部の標高600m辺りではケイチクが多く見られる。

　これらのタケの生育地を県別に見ると、嘉義県や南投県ではそれぞれ全体の30％、台南市で8％、雲林県や台北市にそれぞれ5％、その他に残りの20％程度が生育していると見なされている。それにしても台湾には79種のタケが生育しており、その内の17種は自生種だといわれている。

　昔から中国本土と台湾とは深い交流があったために、互いに日常生活はいうに及ばず、家財道具や馬車、舟、建材、楽器、食品などの他、武器としての弓矢など、あらゆるものにタケが使われてきたという経緯がある。とくに台湾では肉よりもタケノコが多く食べられ、タケやタケノコなしでは生きられないといわれるほどであった。しかし、近年になってタケの利用に変化が起こっており、タケは観賞植物や芸術作品、ダイエット食品などになりつつあるとさえいわれている。とくに食品としては経済的にも重要な位置づけが確立されているということである。

　台湾にある林業試験所六亀分所には1994年に扇平タケ類原種園が作られ、46種のタケが植栽されて遺伝子保全林となっているだけでなく、展示や研究に加えて教育活動も行っている。この他、タケの収集に関しては台湾大学の実験林（旧東京大学の演習林）などでも見ることができる。ここの竹類標本園には50種余りのタケが植えられているという。

中国

　資源の多少は国の大きさではなく、どれだけ量が保有されていて、かつ利用されているかの利用度に大きな意味が含まれている。その点では中国の場合、タケを自国の資源として何よりも大切にしていることは、どこの林地に一歩足を踏み入れても強烈に感じとることができる。

　中国でタケが生育できるのは暖温帯から熱帯にかけての降雨量の多い東部一帯で、北緯33〜37度にかけて横たわる黄河と長江に挟まれた華北や華中には温帯性タケ類が生育し、北緯25〜30度の長江から南嶺地

区には温帯性タケ類と熱帯性タケ類とが標高や地形に応じて、純林もしくは樹木との混交林として生育し、北緯25度以南の華南・南西地区には熱帯性タケ林のみが生育している。そして渭水(いすい)西岸には1000年以上前から「南山のタケ」といわれてきた広大なタケ林がある。

遥か彼方まで続くモウソウチク林全域が栽培管理されている竹海公園（富陽、浙江省、中国）

さらに杭州（浙江省）の西北にある莫干山(ばっかんざん)周辺には標高780mまでの約7万haがモウソウチク林で覆われているだけでなく、浙江省の宜興市郊外や湖南省・益陽市郊外にも「洪山竹海」と呼ばれている広大なモウソウチク林がある。福建省、湖南省、江西省、浙江省には各々50万ha以上のタケ林があり、安徽省、江西省、広東省、湖北省、雲南省、四川省にはそれぞれ数十万haのタケ林が存在し、湖南省や広西省、浙江省などでは標高300m以下の低山帯に生育している。

タケ林の70〜80％はモウソウチクといわれているが、その殆どはかつて植栽された人工林が育ったものだけに、どこの林分もよく管理されていて、食用タケノコ採取と竹材採取林を兼ねた経済林となっている。加工品の多くは浙江省が中心で、全国生産量の30％に及んでいるといわれている。このようにタケ林の総面積は自称1,000万haといわれているが、FAOの統計資料では571万haで、世界中で唯一タケ林の面積が年々増加している国である。マダケやハチクは北緯33〜37度の黄河の上流の渭河(いが)周辺に生育しており、下流にはメダケが多い。

華南省には熱帯性タケ類のタイサンチクやマチクが多く、高低差の多い雲南省にはサルウイン川、メコン川、ノンコイ川などの大河が南下しているだけでなく地形も複雑なために、植物の宝庫といわれているほどで、標高1,200m以下では温帯や熱帯のタケ類が生育して

いる。四川省西部にある邛崍山一帯の標高1,900m付近に生育している*Sinarundinaria fangiana* Camus（冷箭竹）が1982年頃に全面開花して枯死し、パンダが餓死しかけたので移動させたことがあった。このタケは1975〜78年頃にも甘粛省や四川省に近い岷山でも開花したことがあるといわれている。当時はこの種以外にも*Sinarundinaria nitida*（Mitf.）Nakai（紫箭竹）や*Fargesia spathacea* Franchet（箭竹、ソロバンタケ）も開花している。

　現在、中国には39属、変種や品種を入れた総数は500種余りのタケが確認されているが、有用種と目されているのは22属、200種といわれている。いずれも標高300m以下の丘陵地や平坦地に生育しているが、垂直的には標高3,500mの高山ではササ類の生育も確認されているといわれている。中国全体から言うと、ほぼ2000年以上の昔から竹簡、弓矢、日用品、建材、漁具、農業資材、楽器類などだけでなく、食材としても多くの竹種が利用されてきただけに農村地帯では今も伝統的な竹文化が残されている点では日本と似たところがある。

　ただ、近代化する中国の現状を見ていると竹製品もおいおい金属やプラスチック製品に移っていくのではないかと思えるが、タケ林が土壌の流亡防止や環境保全のみならず、景観保持にも大切だとして各地で建設されている高速道路の側道の法面（のりめん）緑化にタケを導入しているのは当を得たことだと感心させられるところである。

ネパール

　ヒマラヤ地方では温帯性のタケは地下茎と根によって土砂防止ができるとして大切な植物とされている。ダウラギリからシッキムにかけての国土の東半分に多くのタケが生育していて、シッキムの熱帯低地には*Dendrocalamus sikkimensis*の巨大なタケ林があるという。概して熱帯性のタケ類はミャンマーやマレーシアから導入されたといわれている。ブータンや東ネパールのチベットでは標高4,000mにも温帯性や亜熱帯

性のタケが生育しているといわれるが、恐らくningaloと呼ばれているササ類ではないだろうか。こうしたタケの植林は個人で行われることが多く、緩傾斜地を選んで生活に役立つ笊、籠、家具、家、橋、はしごの他、農業用の資材、燃料、食品、家畜よけの柵や塀などに使われている。

概して低地には小形や中形のタケがあり、その質が良いことから細工物に利用されている。一方、高地には大形のタケは生育していないという。また、タケは東部ほど多く、中部から西部に行くほど少なくなるが、その殆どが丘陵地から低地で生育している。

標高から見ると、東ネパールの標高2,800mには*Arundinaria maling* Gamble や*Bambusa arundinacea*（Retzius）Willdが生育していて、前者は編み物に適していることからバスケットや家具などに利用しており、後者は建築材として使われている。同地域の湿潤地から標高1,600mには太い*Bambusa nutans* Wall ex Munroが生育していて建築材や橋梁に用いられている。

丘陵地の300～2,000mには、建材として利用されるだけでなく、編み物にも使える*Dendrocalamus hamiltonii* Neesがある。これはBambusa属のタケよりもおいしいタケノコが採れるとして食用にも使われ、葉は家畜の飼料としても利用されている。さらに標高1,500～2,000mの東部の丘陵地には *D. hookerii*があり、西部地方では標高1,000m以下の湿潤なところに *D. strictus*（Roxb.）Nees、*Bambusa tulda* Roxb.、*Cephalostachyum capitatum* Munroが生育している。

バングラデシュ

バングラデシュ北部、ミャンマーやアッサム州（インド）の国境付近は年降水量が1,500～2,000㎜で、タケの生育地は広く、土壌は赤色ラトソルとなっている。主要種の*Melocanna baccifera*は大面積開花して枯死するが、天然更新がよく行われるため問題となることはない。主にレーヨンやパルプの原料として有用な種である。

この他の主要種は*Dendrocalamus longispathus* Kurzで、節間長25〜60cm、稈長18m、胸高直径12cm、肉厚でパルプ用に使われる。*Melocanna baccifera*は胸高直径5〜10cm、節間長20〜50cm、稈長5〜10mで大きな葉がついている。この種はよく*Lelleba tulda* Roxbと混生していることがある。バングラデシュ南部にはインドと同様の種が生育していてパルプ材に利用されている。

ベトナム

ベトナムの北部は高原や山岳地帯によって中国南部と国境を接し、その最北端は北緯23.5度で針広混交林が存在する。一方、南部は北緯8.1度で国土の南北は1,650kmに及び、同様に国土の東側は東シナ海に面していて沿岸の長さは3,260kmにもなる。海岸沿いの低地やホーチミン市周辺には水田が、またホン河下流域には広大なメコンデルタが広がっている。そして西側の北部から中部はラオスと接し、南部はカンボジアと接していて、そこにある森林は北上するにつれて熱帯林から熱帯季節林へと移行する。人口の90％は平野部（国土の１／４）に住むベトナム人（キン族）で、国土の３／４を占める山地には50余りの少数民族が住んでいるという多民族国家である。

ベトナムは熱帯モンスーン地域内に含まれているだけに国内の各地にタケが分布し、その面積は142.5万ha（2010、FAO）でアジア大陸第４位の広さがあり、国の北西部から北東部にかけて、トロソン山脈沿いの標高500〜1,500mの高山地帯と標高150m以下の山麓やデルタ地帯の丘陵地域、さらにレッドリバーデルタ地域の３地域に分布している。年降水量は平均1,500〜2,000mmで北ほど少ない。気温は冬で12〜21℃、夏で22〜28℃であり、年間湿度が84〜88％と高く、タケの生育条件に恵まれている。土壌は丘陵地や新旧の沖積層上にラトソルまたは黄色の肥沃土壌があり、そこでの生育は良好である。なお政府が報告している地域別の主要な属と面積は以下の通りである。

①北東部：Arundinaria属とBambusa属が主で、高地にはPhyllostachys属があり、純竹林5.6万haと木竹混交林2.9万haがある。

②北部中央：Neohouzeanadulba属、Arundinaria属、そしてBambusa属が主で、純竹林12.4万haと木竹混交林9.7万haがある。

市販されているリゾート用竹の小屋（ホーチミン郊外、ベトナム）

③北西部：Bambusa属とArundinaria属が主で、純竹林4.6万haと木竹混交林0.6haがある。

④北部平地：殆どがBambusa属であるが、タケ林は僅かである。

⑤中央北部：Neohouzeanadulba属とDendrocalamus属が主で、純竹林21.6万haと木竹混交林11.8万haがある。

⑥中央部海岸沿い：Bambusa属とOxytenanthera属が主で、純竹林3.7万haと木竹混交林1.5万haがある。

⑦南東部：Bambusa属が主であるが、なかでも*Bambusa procera*が多く、純竹林9.9万haと木竹混交林が14.4万haある。

⑧西部高地：Oxytenanthera属が主で、41.7万haの純竹林と9.8万haの木竹混交林がある。

⑨メコンデルタ地域：タケはごく少ない。

この国の竹利用の内で最大の消費量は製紙用に使われていたが、年間生産量は約700万〜800万ｔもあり、1975年以前は建築資材の他、地域産業用や輸出用の編物製品が主で製紙用やマットに多少利用されていた。しかし1975年以降は経済政策の拡大によって竹箸、竹串、壁、マットなどの生産が機械化されて輸出されるようになり、タケの植林が盛んになったことから、生産者グループと利用者グループに分かれるようになり、利用者グループが近代化された工場でマットや床板用集成材や合板も作るようになってから、大形の*Dendrocalamus memburanceus*や*Bambusa spinosa*に関心を持つようになった。

ベトナム製の机、椅子、ベッドなどの家具類は精巧で緻密なものが多く、技術の高さは中国に匹敵するといえる。タケの栽培には女性の参加が欠かせない状況にあり、苗畑作業や灌水、苗木の運搬、植え穴掘りと植栽などは80％以上が女性の労務となっている。また農閑期における竹籠作りなどは女性の仕事になっているほどである。
　なお、最近の工場規模のフローリング、壁板やマット、それに竹箸などでも機械化されたものの作業員の半数は女性だといわれている。タケの植林には土壌侵食防止のための防災用として行われるものもあり、ここでは男性の出番も多いという。男性も重労働や経営管理は行っている。いずれにしても国際的な競争に打ち勝てるように技術の向上を旨として皆が働いているといわれている。

ミャンマー

　国土の広さは日本のおおよそ1.8倍で、南北2,000km、東西900kmからなり、国土の西側は海岸線が2,000kmもあり、しかも標高900〜2,100mにかけては山脈や高原、盆地などのある森林の多い国である。また、イラワディ川をはじめとする主要河川はいずれも国内を北から南に流れ、それらの流域には平野やデルタ地帯があって農耕地となっている。熱帯モンスーン地域に含まれているため5〜10月は雨期、11〜2月は乾期で寒く、3〜5月は酷暑の乾期となっている。タケは高地や低地落葉樹林、常緑樹林などに混生して全国的に生育している。
　したがってタケの種類は多く、主要なものに手芸品、傘、串などに使われている*Melocanna bambusoides* Trin（地方名：Kayin-wa）がベンガル湾沿いのヤカイン山脈に80万haはあると見なされ、建築材や籠作りに使われる*Bambusa polymorpha* Munro（Kyataung-wa）は中央部のパゴー山脈に昔からチークと混生して生育しているタケである。もっぱら竹細工に使われている*Cephalostachyum pergracile* Munro（Tin-wa）は国内全域に分布している。南部のデルタ地帯には*Dendrocalamus*

brandisi（Munro）Kurz（Wabo）が生育していて、太いために建築材、家具、農具、籠作りに用いられている。D. giganteus Wallich ex Munro（Wabo-gyi）も同様で、建築材、帆柱、マットに使われている。

この他にもBambusa arundinacea（Retzius）Willd（Kyakatwa）は家具、建材、床板、竹筋、台所用品、紙、食用、燃料など極めて多様に用いられている。なお、Dendrocalamus longispathus Kurz（Wanet、Waya）は稈の空洞が狭く、時には実竹になっている。

Bambusa polymorpha：チークと混生していることからも明らかなように多少の乾期には耐えることができる。建築材や竹細工に利用することが多い（ミャンマー・ペグヨマ）

こうした例からもわかるように、タケ類は衣食住のあらゆるところで見ることができるほどミャンマー人の生活に欠かすことができないものとなっている。

ラオス

ラオスは北緯14〜22度にかけて南北で1,000km、東西の広い場所で約400km、狭いところは150kmしかない。人口密度は低く1km²当たり20人と日本の6％に相当する。西側の国境は殆どメコン川で、対岸にタイやミャンマーが見え、東側はベトナム、北側に中国があり、南側はカンボジアに接しているというインドシナ半島唯一の内陸国である。国土の北側には亜熱帯気候を有する標高1,200mのラオス高原があり、結晶片岩、片麻岩、石灰岩からなる山脈がいくつも見られる。

メコン川は古都ルアンプラバンまで内陸に食い込むように入り込んだ後、反転して南下している。ラオスの南部ではアンナン山脈を流れ出した渓流やその他の河川水がメコン川に合流して5月から10月にかけての

原生林のまま放置されているタケ林（バンビエン郊外の山地、ラオス）

Oxytenanthera parvifolia：マダケのように通直で、木質部が薄いために竹細工の材料とすることが多い（ラオス・バンビエン）

　雨期に増水するが、乾期の11月から4月まではメコン川を歩いて渡れるほど減水する。それにも拘らず内陸部には熱帯サバンナ気候、北部には亜熱帯乾燥地帯も見ることができる。

　こうした自然環境下にあるだけに国内各地でタケが生育できるという好立地に恵まれ、ビエンチャンの西方にあってタイと国境を接しているサイナブリ県とビエンチャンの北西部一帯からシンクアン県にかけての地域でタケの生育が一段と多くなる。ラオスでのタケの研究は1992年から5カ年間IDRCの支援によって始まったと聞いたが、その結果、8属、93種が同定されたということであった。地域的にはラオス北部の山岳地には種の分布は少なく、中央部から南部にかけては7属、50種ほどのタケが見られるという。ただ、多くの種で森林相や土壌との関連が高く、Arundinaria属やThyrostachys属は谷沿いの落葉樹林内や休閑地、石灰岩地帯などに生育している。Bambusa属のタケは常緑樹林や落葉樹林で見出されるが、多湿地や低湿土壌にも生育している。Bambusa属でも太い種類は農家の裏山や耕作地の周囲、河川敷、丘陵地などで広く栽培されている。

　また、Cephalostschyum属や Thyrostachys属のタケは常緑樹林や落葉樹林内で見られるが、乾燥地の多いラオス中央部や各種の土壌のところにも生育している。Oxytenanthera属は湿気の多い丘陵地の斜面や平

地で見られるものの、いずれも排水性のよい砂質壌土から粘土質の土壌に生育している。Dendrocalamus属はBambusa属に似ており、常緑樹林や落葉樹林内に生育している他、多湿地以外の低湿地でも見られる。そしてChimonobambusa属は渓流沿いの湿潤地に生育している落葉樹林で見られる小形のササ類で、木質部は薄く、節に刺があり、天然性でよく見ることができる。概して言えることは、同属種が純林を構成しているよりは複数の属が混生していることのほうが多い。

　殆どのタケは湿性地や雨期に緑葉をつけているが、乾期を伴う乾燥地ではこの期間中落葉はするが枯死することはなく、雨期が来れば葉を再生する。天然分布に関しては森林が伐採された跡地に２次林としてタケ林が成立することが多く、とくに焼畑農耕を行っている農民は数年間だけ耕作地として利用して生産性が低下してくると放棄してしまうために、跡地がタケ林になることが多く、この国の161万haのタケ林はこうしてできたのではないかといわれ、Mai shothと呼ばれている*Oxythenanthera parvifolia*はその典型的な例だといわれている。しかし、このタケがあることで表土の流失が防げ、同時にこのタケが生育するところは２周目の焼畑耕作を行っても陸稲が収穫できるという指標植物になっているとも聞かされたことがある。

　利用に関しては笊、籠、箕、箆などは、他のアジア諸国と多少形状が異なる部分があるとしても使用目的は変わらない。今も農作物運搬用の竹製品が市場で売られ、家庭用の雑貨品が専門店の店頭に並べられている。カオラムタケと呼ばれている*Cephalostachyum pergracile*の若竹は竹筒飯に使われる。この筒の中にもち米を入れて蒸し焼きし、炊きあがれば稈の外側を剥ぎ取るとタケの香りがついて風味を出すことができるのである。このタケは木質部が薄く、節間長30〜60cm、稈長10〜15m、胸高直径5〜6cmになるため籠、建築部材、パルプ原料としても利用されている。

　また、Mai bong haolan、またはMai bong namと呼ばれている*Bambusa natans*は稈の下部に刺があるが、稈の中にもち米にピーナツやソー

スを入れて作る蒸菓子に使われている種類で、もっぱら北部の温暖で湿潤な標高700～1,500mに生育している。竹からいわゆる和紙が地場産業として生産されているのもこの国ならではである。

食用タケノコとしては*Oxytenanthera albociliata*（Mai lai）、*Dendrocalamus aspa*、*Bambusa nana*、*B. flexuosa*、*Cephalostachyum virgatm*などがある。低地に住んでいるラオ族の住居は殆ど竹製で、たとえば壁や床には*Dendrocalamus brandesii*（Mai hok）が使われ、屋根には*Cephalostachyum viragatum*（Mai hia）が使われている。この他、楽器にMai hiaやMai kongpiが笛や笙に使われている。

ラオスで有名なラオハイと呼ばれている壺酒がある。これは蒸したもち米を冷却後に麹を細かくして振りかけながら混ぜ、壺の中に詰めるのであるが、詰め込む前にバナナの葉を敷いた籠に数日間静置する。このようにして、もち米と麹を混ぜたものが壺一杯になった頃、もみ殻をその上に載せて灰を水で練って置いたものを蓋にして密閉する。飲む時はこの灰の蓋を壊して水を注ぎ、発酵酒をタケのストローで底から数人で同時に吸い合うのである。この時、ストローとして使われるタケは細いヤダケのような節間長50～60cmもある*Oxytenanthera parbifolia*（Mai casen、Mai shoth）、*Oxy. albociliata*（Mai lai）と呼ばれているタケである。

以上のようにラオスは、タケが生活の中に完全に溶け込んでいることが今も至るところで見出される国だといえる。

第4部　世界各地のタケの分布状況

アメリカ大陸主要国のタケ分布

北アメリカ

　ほぼ北緯40度付近から南に向かうにつれて、ところどころでタケを見ることができる。都市では同好の士が東洋に生育している珍奇な植物として導入し、種苗交換会などを行って楽しんでいる。大学や研究所にはタケに興味を持つ著名な学者や専門家もいる。中には文献による調査からスタートし、また中国や日本などで学んだ人もあって、報告書は全て英文で書かれているだけに読者層は広いが、日本人にとっては必ずしも興味をそそるものばかりではない。

　分布域はフロリダ半島やメキシコ近郊の南部で熱帯性の種が点在している。最近は中南米一帯に分布しているChusquea属の分類に興味を抱いて調査を行ってきたフロリダ大学のリン・クラーク教授が、アパラチア山脈からロッキー山脈一帯にかけて分布しているArundinaria属の種に関して分子生物学から系統樹を用いた種の分化にアプローチしている。なお、アメリカ国内にはAmerican Bamboo Society（A.B.S）というタケの愛好者による任意団体があり、タケやササに興味を持っている人たちも多く見受けられ、日本で発行されたタケに関する報告書や小冊子を英文に翻訳して会員らに普及のために販売している。ただ、総会に出席した限りでは、斑入りのササ類の鉢物に興味を持っている愛好家の人たちが会員に多いのも北米ならではという印象を受けたことがある。

中南米全般

　この地域内ではアメリカから南下してチリに至る間の湿地や半乾燥地の低地林からアンデス高原にかけて46属、515種の木本性と草本性のタケ類とササ類が生育しているといわれており、その中の数属は固有種である。その典型的な属がGuadua属とChusquea属である。

　この他、中南米各国にはかつての移住者によって持ち込まれて育成された多くのタケ類が生育している。すなわち、Guadua属は熱帯低地に広く分布していて、主に建築材として各国で利用されている有用種だけに植栽も行われている。また、Chusquea属の種は3,000m前後の高山帯で見られるコナラ（Quercus）属の森林の下層植生として生育している矮性種の多い属であるだけに、殆ど利用されることなく太平洋側と大西洋側の高山帯に沿って広範囲に自生している。近年になって、各国とも外国からの研究助成金やプロジェクトを組むことによって先進国からの支援を受けられる機会も増し、応用研究や利用がますます発展しつつあるとはいえ、現状は次世代に期するところが多いように思われる。

コスタリカ

　かつては海岸線から標高3,000mの高山帯に至る国内の殆どが緑で覆われていたこの国も、15世紀以降は低地帯でカカオやバナナの栽培が行われ、標高1,000m前後の土地では火山灰による肥沃な土壌と気象条件からコーヒー生産が始まり、また、低地から高地の台地では標高に対応して飼育可能な牛の系統が放牧されるに及んで、自然植生が急激に減少していったという歴史がある。つまり、多くの天然林が農業、果樹、嗜好作物、畜産などの1次産業の育成のために伐開されて、広義の農地に変わっていったのである。今日でも遠望すると、どの土地も一見緑に覆われているように見えるものの、それらは森林ではないのである。この

第4部 世界各地のタケの分布状況

国に国立公園や自然保護区などがやたらと多いのは、こういった開発行為を止めることの必要性にいち早く目覚めたことが背景にあったからなのである。

ところで、この国の各地を歩いてみてタケの広い林分が全くと言ってよいほどないことに気づいたのは1985年頃のことであった。地震国にとってタケを使った住宅が安全であることと、ブロック造りの住宅よりも安価に建てられることから低所得者用住宅のプロジェクトが始まり、その資源量調査を行って知ったことであった。国土の北西部にはサバンナ林といわれている乾燥地域があるが、ここを除けば、太平洋側から内陸部を経てカリブ海側に至る国土全体は熱帯雨林で、中央山地は4,000mmを越す年間降水量がある。にも拘らずタケ林と呼べる土地はなく、中南米で見られるGuadua angustifoliaとその品種や、標高1,500mあたりの土地にホテイチクやハチクなどの小さな林叢が植林されているだけである。低地に熱帯アジアから導入した熱帯性のタケ類が数種見出されるのは、かつて台湾や中国南部から移住者が持ち込んだものといわれている。

現在、見られるG. angustifoliaやG. aculeataの1,000ha余りの林分は全て1988年以降に植林したものであり、コスタリカ大学の農場（標高約1,500m）に植栽されたモウソウチク林も当時、筆者が現地で実生苗を育てたものである。タケの集植地としてはトリアルバにある米州機構の国際研究機関であるCATIE（熱帯農業研究教育センター）構内に十数種が植えられているのみである。ただ、標高2,500〜3,000mにはChusquea属のかなりの種類がコナラ属の樹木の下層植生として大面積に生育している。

Guadua aculeata：G. angusutiforiaに似ているが節間長が短く、あまり利用されていない（コスタリカ・グアピレス）

ニカラグア

　20年前までは中米の中でもニカラグアは治安の悪い国の一つに数えられており、日本人にとって特別魅力のある国でもなかったために話題の乏しい国であった。しかし、国土の面積の割に人口が少ないこともあって、東部地域には今もかなり自然林が残されている。太平洋に面する西側の海岸沿いには火山性の山脈が稜線を作っていて、その内陸側の低地にはマナグア湖やニカラグア湖があって地味も肥えている。この辺りは南部ほど乾燥していて、コスタリカの北部に続く地域には熱帯サバンナが広がっている。生活環境もよいので、この地域に多くの人が住んでいる。東側のカリブ海に向かうにつれて降水量が増して熱帯雨林へと移行し、内陸の中央部にはイサベラ山脈や高い山があって南に向かって狭くなっているために中央高地と呼んでいる。

　稜線付近や東斜面には降雨量も多く、落葉樹林やカリビアマツ林も一部の地域で見ることができ、また国内を流れる多くの河川の水源にもなっている。この東側には熱帯多雨林があり、常緑広葉樹林からなっている。カリブ海に面して南北に続く広い平野部があるが、不健康な低湿地密林となっているのでモスキート海岸低地と呼ばれている。

　この国のタケは殆ど樹林と混生していてタケの純林を見ることはない。しかし、東部のグランデ川とその南部には約5万ha、中央高地の南部東斜面からマタガルペやグランデ川の周辺に3.5万ha、二大湖の西側に1万haがあると報告されている。1950年代にはモスキート平地の南部にある森林一帯に3,000〜4,000haの火力発電用燃料としてのタケ林を造成する計画があったといわれているが、その後の様子は不明である。ただこれまで中央高地の東斜面からカリブ海側の海岸線に至る森林内には*Bambusa vulgaris*や*Bambusa*属が約10種、*Gigantochloa apus*、*Guadua angustifolia*の他に同属が4種、*Dendrocalamus asper*などの生育が確認されている。

コロンビア

　首都ボゴタは標高2,600mで年間の最暖月である7月から8月でも平均気温が28.5℃しかなく、タケの生育地を見つけることは極めて困難である。しかし、竹で作られている住宅や建造物は非常に多く、各地に竹建築専門の大工が必ず店を構えているほどであった。では、その原料材は一体どこにあるのか調べたところ、ボゴタ市から西に向かって中央山脈を越えた二百数十km先にある周囲を山に囲まれたマニサレス市（カルダス県）の低地あるいはアルメニア市（キンデイオ県）の標高1,300〜1,400mへ行けば至るところに建築材として使っている*Guadua angustifolia*の林分を見ることができると教えられたのである。

　実際、アルメニア市ではまさにどこへ行ってもこの種のタケの生育地を見ることができ、市内全体が*G. angustifolia*に占領されているといえるほどであった。もちろん多くの林地は手入れされているだけでなく、植林されているところも多く見ることができた。他の地域へ行けば、この種のタケだけでなく、その他の種や品種もあるはずであるが、この国ではタケ＝グアドアといわれるほど重要なタケである。

ブラジル

　国土は日本の23倍もある。北部はアマゾン川流域を中心に熱帯雨林気候が広がっていて、その北側には赤道が通っているが、この国はもとよりどの国を見ても赤道直下の周辺ではタケのごく小さな株立ちはあっても、群落と呼べるほどの林地は見当たらない。とくにアマゾン川流域は低地帯であるためと、これまで天然林の高木が広く覆っていたためにタケが生育できるだけの条件が整っていなかったのではないかと現地を見て思ったことがある。

　ブラジルを面として見ることができたなかで、南緯13度辺りから25度

アマゾン川流域で使われている民具類（マナウス博物館、ブラジル）

種名不詳。ブラジルのサンパウロ市内にある植物研究所の自然林内に広く群落を形成しているが利用はないということであった

までの西部ではサルバドール市郊外に広大なタケの植林地（*Bambusa vulgaris*）があって、そこの稈から果物用の段ボール箱を作っているということであった。その辺りから国道101号線を南下すると、どこまでもカカオ畑が続き、Bambusa属やDendrocalamus属のタケが点々と生えていた。その究極はサンパウロ周辺で、この辺りに来ると南回帰線の近くではあるが標高が700〜800mで各月の平均気温の高低差が4〜5℃と少なく、しかも年間平均気温が19.5℃だけに熱帯性タケ類から温帯性タケ類まで生育しているのをカンピーナス市にある農業研究所のTatui植物園で見ることができる。

　そこにはモウソウチクやマダケの他に熱帯性タケ類がそれぞれ小面積ながら二十数種育っているのを見ることができる。さらに南下すれば温帯性タケ類が十分生育できるはずである。いずれの種も日本人や中国人などの入植者が持ち込んだのが植栽の始まりだということであった。

その他

ペルー

　ブラジルに接するペルーには日系人も数多く定住しており、首都のリマ周辺ではあちこちの住宅の庭に植えられているタケを高い塀越しに覗

き見ることができ、レストランでもタケを内装材として使っているところを見ることができるが、年間降水量が極めて少ないことから、太平洋岸に近い一帯を含めて常に灌水できる住宅内の庭園のようなところでなければ、その生命維持が困難である。したがって、ペルー国内の野外でタケが生育で

標高3,600mの教会にも竹が使われていた（ラパス、ボリビア）

きるのは内陸部の降雨量の比較的多い場所に限定されることになる。

パラグアイ

　パラグアイの首都アスンシオンでは、年間気温も降水量もブラジルのサンパウロと同等に降るだけに、タケにとっての生育環境はペルーよりも恵まれているとは言え、西部のイグアスの入植地周辺などには大形の熱帯性タケ類が野生状態で広がっている。この辺りは日本人の移住者も多いだけにタケ林が見られるだけでなく有効利用も行われている。

　しかし、最近はバイオエタノール生産のために外国の資本が投入されてタケ林が伐採焼却されてトウモロコシ畑に転換されていく傾向にあり、日系人はこのことに憂慮しているということである。

アフリカ大陸主要国のタケ分布

　アフリカ大陸と聞くと、暑くて乾燥している大陸という印象が強い。全面積のほぼ2／5が乾燥地で、雨期と乾期のある地域や半乾燥地を含めると、この大陸のほぼ1／2が何らかの形で乾燥地域に該当する。その中でも一国の大半が砂漠状態にある国は全体の1／4もある。

　ところが、モロッコを除いた北緯14〜34度まではサハラ砂漠やサヘルなどの乾燥地が広がっているのに対して、中部の北緯12度以南ではソマリアやナミブ砂漠を除けば各国ともに豊かとは言えないまでも樹林地を見ることができる。

　タケの分布を考える時、アフリカ大陸を大きく分けると、①東アフリカではエチオピア、ケニア、タンザニアなどの高地、②中央アフリカではギニア、カメルーン、コンゴなどの熱帯雨林、そして③マダガスカルなどであろう。

　この中で①の東アフリカについては既刊の自著にその概要を記載しているので省略するが、北からエチオピアの高地やケニアとタンザニアの高山帯に*Arundinaria alpina*が分布している他、南部ではジンバブエ、西ではザイールのタンガニイカ湖付近、南はザンビアやジンバブエの東部でも生育しているようである。ケニアのケニア山やタンザニアのメルー山などでは、標高2,500〜3,000mの高山に、それぞれ数万haの純林として生育しているのを見たことがある。

　この他のどの国でも*Arundinaria*属自体が亜熱帯性気候を好むことから標高の高い地域で分布しているのは事実で、コンゴではマウンテンゴリラの餌となっていることでもわかる。

タンザニア

　この国についてはおおよそのことを別著に述べているので、いくらか付加するにとどめる。この国を地形から分けると、海岸地帯、山岳地帯、中央高地、湿地・湖水に4区分することができる。首都ダレスサラムの西方20kmの山中にあるキサラウエに手入れされているタケ林があり、首都の北部にあるタンガ市東部のアマニのタケ林は山腹にあり、黄色程に緑のストライプのある*Bambusa vulgaris*の品種が見られる。

　また、アリューシャ市の西部にあるゴロンゴロ国立野生動物園付近にあるタケ林や南西部にあるムベヤ市近郊のプロトのタケ林、メルー山のタケ林などは、いずれも標高の高いところに生育する*Arundinaria alpina*の林である。これらの他に南部のイリンガ市の平坦地にはタケノコを利用して酒を作る*Oxytenanthera abyssinica* Munroが農家林として栽培されている。また、ケニア以外の東アフリカの低山帯（標高400〜2,000m）には*Oreobambos buchwaldii* K. Shum の一見貧弱なタケが生育している。

マダガスカル

　ここでマダガスカル共和国を取り上げたのは、広大なアフリカ大陸に比べるとその横にある小さな島（世界4番目の大きさで、面積は日本の1.6倍）であるにも拘らず、動植物の固有種が多く、タケの種類においてもアフリカ大陸には僅か数種しか生育していないのに、この島には多くの種類が分布していることと、世界で唯一、青酸を含むタケが生育していてレムールと呼ばれているサルと共生していることに興味があるからである。ただ残念なことにアフリカ大陸には何回も訪れる機会があったが、この国だけは数回機上から眼下を見下ろすだけに終わってしまったので、文献調査の結果だけでも整理しておきたい。

図5 マダガスカル島における種の分布状況

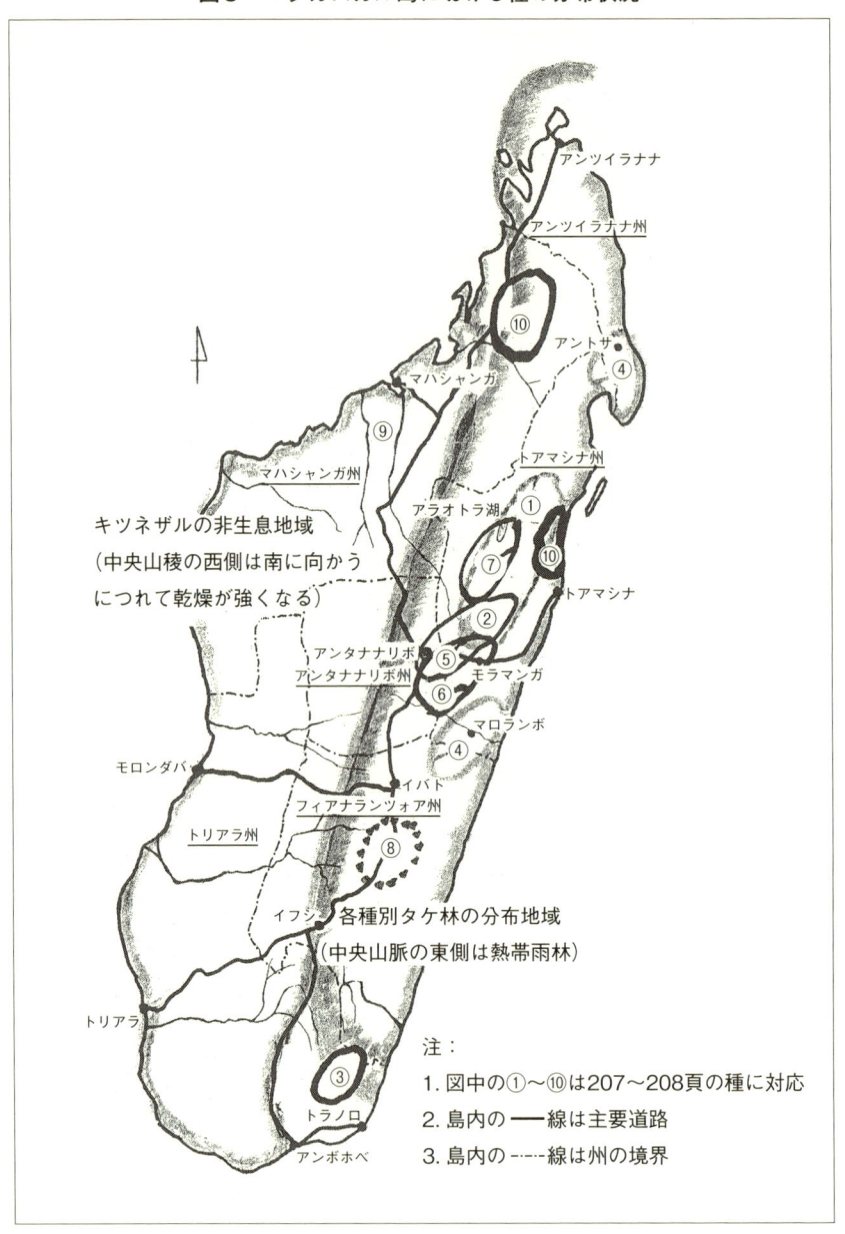

この国は南部に南回帰線が通っていることからもわかるように、島の大部分は熱帯地域であるが、南部の一部に亜熱帯があり、島のやや東寄りを南北に3,000m以下の山々が連なっている。

　この中央山脈の東側は南北に熱帯雨林が広がっている。西側寄りは島の中部以北に森林やサバンナが見られる。南部に行くとバオバブが見られる半砂漠になっている。このような植生からも明らかなように、山脈の西側には猿の生息は見られず、タケも中部以北に*Perrierbambus tsarasaotrensis* A. Camus がところどころに点在するのみだといわれている。しかし、山脈の東側の熱帯雨林内には多種のタケが群生しているのが知られている。それらの中でCephalostachyum属の種が最も多く、中部地域以南に5種中4種が分布している。すなわち、

①*C. chapelieri* Munroは旧タマタベ州内の樹林地内に点在している。

②*C. madagascariense* A. Camusは上記と同地域の標高800〜1,200mの川縁に見られる。

③*C. peclardii* A. Camusは例外的にやや南部のフィアナランツォア州の標高700m付近に生育している。

④*C. perrieri* A. Camusは北部のアントサ市周辺の低地から標高400mの地域と中央部のマンゴロ川流域の標高400m付近に生育している。

⑤*C. vigueri* A. Camushaは中央部にある首都アンタナナリボの東北部に広がる標高800〜1,200mの森林内に樹木と混生している。

　以上の他には、

⑥*Decaryochloa diadelpha* A. Camusが首都の東側にある800m以下の低木林の疎林に生育している。ジェントルキツネザルが食べるタケは写真を見る限り、マダケ程度の形状を持ち、節の下側には白いワックス状の付着物があり、皮の成長後もしばらく残っていることから、本種ではないかと推測している。

⑦*Hickelia alaotrenshis* A. Camusは中部アラオトラ湖南部のアノニ森林内に生育している。

⑧*H. madagscariensis* A. Camusは中部南にある旧アンバトフィトラナ森林の標高1,600m内に生育しているといわれている。

⑨*Perrierbambus tsarasaotrensis* A. Camusは上述したように島の西側一帯に点在している。

⑩*Pseudocoix perrieri* A. Camusは本島の北西部の標高2,000～2,400mの焼畑跡地などの猿のいない開放地に生育している。

現在のところ明らかになっているタケの種類としては、以上の他に*Schizostachyum bosseri*が森林の林縁で見られるといわれているが、別に報告されている残りの3属、9種については明らかでなく、IUFROが1985年に11属、40種のタケがマダガスカルに生育しているという報告を出しているが、その中にはCephalostachyum、Decaryochloa、Hickella、Hitcheockella、Nastus、Perrierbambus、Pseudocoix、Schizostachyumの属名のみが示されている。

この島にいるキツネザルは5000万年前にマダガスカル島に来た原猿で、その1000万年後にはシンゲンと呼ばれるようになった、いずれもキツネのような顔をしたサルである。多くのキツネザルのなかで唯一、タケノコやタケを食するのはジェントルキツネザルと呼ばれている種類で、南部にあるベレンティ保護区と中部のタケ林に生息しているといわれているが、キツネザルの生態を研究していてもタケの種や分布に関する研究は全くないようである。

さて、タケを食べるジェントルキツネザルは3種で、ハイイロジェントルキツネザル*Hapalemur griseus*（イースタン レッサーバンブー レムール）は夜行性で、体形が最も小さく、体重50gで、柔らかいタケの葉や葉柄を食べるので別名バンブーキツネザルと呼ばれている。キンイロジェントルキツネザル（*Hapalemur aureus*：ゴールデン バンブー レムール）は別名ブラウンジェントルキツネザルともいわれている中形の猿で、タケの葉や人なら致死量に相当するといわれているほどの猛毒（青酸）を含んだタケノコを食べた後に土を食べて解毒するのを多くの人が目撃している。ヒロバナジェントルキツネザル（*Prolemur simus*：グ

レイター　バンブー　レムール）は大形で強い歯を持っているためか、稈の内側の木質部を食べるだけでなく、タケノコも食べるというサルである。

　これらの情報に基づいて有毒性のタケに関しては*Decaryochloa diadelpha* A. Camusではないかと推察している。最大の理由は青酸を含むタケは他の国では見られない固有種と見たからである。*Cephalostachyum*属の①〜⑤もマダガスカル固有種であるが、本属は他の国にも分布していて有毒性の話を聞いたことはない。機会があれば確認したいと思っている。

　（註）マダガスカルではフランス領時代（1946）に５州だったものが、後１州加えられて６州となった。大統領が変わるたびに自治区が変更され、2009年には州を廃止したとも言われている。従って、植生調査が行われた時期にあった小さな州も併合されてなくなったが、タケは①、⑧の数字のあたりにあるので、①、⑧の州名には「旧」をつけた。

その他の国

　東アフリカのエチオピア、ケニア、カメルーンなどについては既著に譲るとして、西アフリカではギニアのキンデイ近郊にBambusa属の一種が植栽されて２年後に100〜200㎡になっていた。ここは以前に営林署を訪れた際にタケがマルチに使えることを話したところ、木が燃料用としてやたらに伐られていくことに悩んでいた署長は、竹炭ができれば作りたいということで植林したというのが発端であった。近隣地ではタケが垣根として使われ、家畜の侵入防止にも役立っていた。

　ギニアから東へ、コートジボアールやベナンを経てカメルーン、コンゴ共和国に至る地域の海岸寄りの一帯は短い乾期があるが、降雨量も多いので、ところどころに熱帯アジアから持ち込まれたタケ類の小さな林分を見ることができる。

その他の国々のタケ分布

オーストラリアとニュージーランド

　オーストラリアは日本の21倍の面積があるがノーザンテリトリー、ウエスターンオーストラリア、サウスオーストラリアなどの内陸部は殆どが砂漠地帯や乾燥地帯となっており、タケの生育は考えられない。クイーンズランドの北部から東部にかけての熱帯地域や北部地方には株立ちのBambusa属やよじ登り型のタケが少し自生している他、南部のニューサウスウエールズの温帯域など、国土の周辺部には日本から導入されたPhyllostachys属のタケが見られ、さらに南にあるビクトリアでも導入された温帯産のタケ類が小規模に植えられているようである。
　ニュージーランドは緯度がオーストラリアのニューサウスウエールズやビクトリアとほぼ同じだけに、温帯性のPhyllostachys属の種はあるが導入されたものらしく、旅行者の話でも自生種らしいものは殆どないといわれている。

パプアニューギニア

　この国はニューギニア島の東側半分を占めるとともに北側はニューブリテン、ニューアイルランド、ブーゲンビルなどの大きな島や、東側もいくつもの群島からなっている。地形から見ると、①低地の海岸には塩水湿地や平地が13％（海抜0〜50m）、②低地沖積平坦地と扇状地が15％（海抜500m以下）、③山麓と低山帯が43％（海抜500〜1,000m）、

④中山帯が25％（海抜1,000～3,000m）、⑤高山帯が4％（海抜3,000～4,000m）となっている。

　タケの生育は海抜500m以下の地域では思いのほか少なく、西側のインドネシアに属するイリアンジャには森林伐採が行われた2次林にタケ林が多く見られるという。低山帯から中山帯の標高1,500m前後には在来種のBambusa属10種の他にBambusa属の4種とGuadua amplexicaulis、Dendrocalamus asper Backer、Gigantochloa apus Kurzなどが導入されているといわれている。降水量が多く、住民も多く住んでいることも関係しているといわれている。森林内外にはClimbing bamboo（よじ登り型）と呼ばれているNastus属7種、Racemobambos属5種、Schizosostachyum属4種のうちの3種が確認されている。このClimbing Bambooをあえて「もつれ型」と「よじ登り型」とに分けているのは、もつれ型は稈の材質部が薄く、森林内部に生育しているものをいい、よじ登り型は稈の材質部が厚く、林縁にあって高くまで伸びることはないということが理由のようである。

　しかし、直立型のタケはClimbing bambooと比較すると、いずれも材質部が厚くて大型であることから、利用価値が高いとして好まれるというのである。導入種が全て直立型なのはそのためである。なお、ブーゲンビル島でも海抜2,000m辺りにNastus属が見られた。こうしたタケの情報はラエ市内にある植物園で得ることができる。

ヨーロッパ諸国

　まずヨーロッパの位置を確認してみると、ササ類はさておき、タケが生育できる緯度は北緯40度付近であることからイギリス、ドイツ、オランダ、スイス、フランスなどといった主要国は、いずれも生育北限を越えた位置にあるだけに自生種を見ることはできない。しかし、イタリア、スペイン、ポルトガル辺りになると温暖なところでは植栽することで生育させることは可能であり、現にフランス南部のマルセイユ郊外のアン

ドゥーズにあるプラフランスにはタケやササを海外から取り集めて地植えしている15haの私設竹園がある。

　ヨーロッパでタケが知られるようになったのはアレクサンドロスⅢ世、つまりアレキサンダー大王（紀元前356〜323年）が東征軍を再編成してインド北西部のパンジャブ地方の遠征から帰国してからのことで、紀元前320年代前半のことだとされている。というのもアレキサンダー軍の兵士が不思議な植物をインドで見たとしてタケの話を伝えたからである。また、1615年にはカトリック司祭修道会（1540年にイグナティウス・デ・ロヨラが創設）、すなわちイエズス会の修道士が「中国では鉄のように硬い草（タケのこと）」で600種もの日用品を作り、利用していると報告書に記していたのである。

　旧ソビエトでは今から１世紀ほど前にタケの栽培を始めている。最初は南ヨーロッパや西ヨーロッパから輸入していたが、後にはアジアの原産地から移入するようになったといわれ、その栽培種数は50種にも及んだということである。さらに北緯43度付近の黒海東岸に位置し、旧ソビエトとグルジアにかけて横たわるカフカス山脈の低地帯にはあちこちにタケ林が植栽され、生育しているといわれる。

　グルジアの他にアルメニアやアゼルバイジャンにも生育地がある。かつてグルジアでは竹製ベッド、椅子、棚、花瓶敷きなどが作られて日常生活に利用されていた。ササについてはサハリンやクリル列島（国後島、択捉島などを含む）など−20〜−40℃に達するところにも群落のあることが知られている。これらのことは、すでに自著に詳しく述べているのでこの程度にさせていただくことにする。

　ヨーロッパでタケが一般家庭で育てられ、普及したのは18世紀だといわれているが、それがいまでは世界中に約90属、1,300種前後にも達しているといわれているほどである。ササ類に関してはヨーロッパの家庭では庭園に植えられていることが多い。また、イギリス、フランスなどでは植物園や公園などに植栽されているタケを楽しんでいる人も多い。

第5部

タケが持つ価値像

タケは人々に喜びと自然の恵みを与えてくれる資源でもある。インドネシア・バリ島で

◆第5部のねらい

　わが国では20世紀の末頃から雑木林やタケ林が点在する里山の景観が少しずつ変化していたにも拘らず、当時、そのことに気づいていた人は殆どいなかったであろう。その背後には当時の山村生活を保ち、次世代を担うと思われていたはずの青年たちが、景気が良くなり、都会での生活を夢見て大都市へと大勢が転出していったのである。新世界へと送り出したその頃の親の多くは熟年の働き手であったが、それから20年も過ぎてみると山村には高齢者が増し、逆に若齢者が減るという社会現象が生じ、時を同じくして都市以外ではプロパンガスの普及によって雑木林から燃料を得る必要性がなくなり、人工林でも除伐、間伐といった労力を必要とする作業が必然的に滞るようになっていったのである。まして や毎年、新しい稈を無性的に増殖するタケに関しては1年といえども無伐採のままで放置しておけないにも拘らず、作業そのものが重労働なために人手不足や高齢化で対応できなくなり、併せてタケそのものの需要の低迷が追い打ちをかけるに及んで林内の稈が年ごとに過密となり、老齢竹、倒伏竹、立枯竹が錯綜するに至って林地に立ち入ることすら困難な状態になってしまった。

　かつて農家の裏山で栽培されて農山漁村の資材として利用されてきたタケは、丸竹や割竹として多様な日用雑貨品、民具、伝統工芸品、建築材に加工され、各種の催事や祭事にも用いられることで日本の伝統文化の構築にまで寄与してきた。しかも木材とは異なった特性が応用されて曲線加工や編作用の素材となっていたタケは、それらの多面性や多様性を持っていることが評価されて、海外からはマルチ・プロダクト・プラントとかゼロエミッション・プラントとか呼ばれるようになったほどである。それほど有用で価値のあるタケが今ではほとんど顧みられなくなったのは、代替品の創出や生活の態様の変化だけではないと考えられることから、ここに改めて現代的な視野から竹の価値評価を見詰めてみようとするものである。

タケの資源的な価値

持続的再生可能な資源

　タケを資源として考える際の第1項目としては、持続的でかつ再生可能な資源だという点である。その最たるものは温帯性タケ類である。少なくとも生育適地の範囲内において地上部が開放されている場所や幼樹もしくは低木林からなる場所であれば、どこまでも地下茎を毎年伸ばすことができるからである。

　温帯地域に生育している種の地下茎は単軸分岐して2年以降にはその部位からタケノコを発生し、2カ月前後で成竹になる。しかも無性的に繁殖するために、稈を皆伐しない限り持続的にほぼ同一形状のタケを再生することができる。樹木が一度伐採すればその多くの種は再植林しなければならないのと大きな違いである。

　熱帯性タケ類は、地下茎が横に広がらない仮軸分岐をするため、持続的に再生はするものの株立ちとなるので、皆伐すると再生に必要な貯蔵養分が制限されるために受ける影響は温帯性タケ類よりも大きい。

　種によって幾分利用の仕方は異なるとしても、いずれの種も稈はもちろんのこと枝、葉、地下茎、皮といったあらゆる部分をいろいろ違った目的に利用することができるので、廃棄部分のない植物だとしてゼロエミッション素材といわれるようになっている。たとえば稈は縦方向に細分割して編むことで籠、笊などに加工でき、原形のままでも水筒、器などとして利用できる。また、枝は箒や垣根として使われ、葉は大きさによって食品の包装だけでなく、飼料、薬用にも使われ、地下茎は傘の柄、

鞄の手提げ部、印鑑などとして使われている。もちろん、皮も包装に使われるといったように、実に多彩にして目的の異なったアイテムに使うことができるのである。

木質系資源

　植物は被子植物と裸子植物に大別されているが、被子植物はさらに双子葉植物と単子葉植物に分けられている。この両者の中で双子葉植物に見られる木本系の科や属の数はかなり多いのに対して、単子葉植物のそれはごく限られている。被子植物や裸子植物の木本系植物は「樹木」または「木」という総称で呼ばれている。
　被子植物の中の単子葉植物で木本系の植物といえばイネ科の中のタケ亜科、あるいはイネ科から独立させたタケ科のタケ（分類上のササを含む）、もしくはヤシ科の植物だけに限定される。すでに第1部で述べたように、樹木とタケとの共通点は木質系であるということに尽きるが、相違点は数多く見出すことができる。

物理面からの利用価値

　タケの性質は生育している場所の気温、降水量などの環境条件や土壌、土質、地形などの立地条件によって形状や種が異なるだけでなく、種によって維管束配列、単位面積あたりの維管束数、大きさなどの違いによって材質そのものに微妙な物性的な違いが現れる。天然性の素材だけに工業製品のように均一性が保たれていないということが欠点だともいわれるが、その微妙な差を見出し、利用すること自体に技術者ならではの繊細な技が発揮されるからこそ、人間国宝という名誉ある称号の存在意義があるといえる。
　さて、木材と異なったタケの利便性が見出されるのは割裂性、弾力性、緊密性、伸縮性などであろう。
　割裂性：割裂性が大きいということは、維管束数が多いから緻密に割

れることでもあり、このことが繊細な細工物を作れるというタケの原点になっている。たとえば、多くのタケの種類の中でマダケが優れているのは基本組織に対して維管束面積が広いからである。さらにマダケよりもハチクのほうがより細く割りやすいのは、維管束自体は大きくないが、その数が多いからである。とくに表皮近くに維管束が数多く集中しているため、彫刻するのに都合がよい。

　弾力性：竹細工、竹工芸品、建築材として利用するには弾力性の大きいことが好まれる。この点でもマダケが適しており、古くから多くの編作細工品にマダケが使われてきた最大の理由はここにもあったといえる。こうした弾力性は樹木にはない特性といえる。

　負担力：折ろうとする際に抵抗力として働く力のことで、維管束の周囲にある靭皮繊維の膜壁の肥厚と木化度によって決まる。この点に関してもマダケが優れており、マダケのない寒冷地ではそこに生育しているハチクを代替に利用することがある。

　緊密度と伸縮性：表皮やその近くに維管束が密集しているタケは縦方向の伸縮性が極めて小さく、温度や湿度に対しても狂いを生じないので、これまで計算尺、物差し、算盤、板材などとして重宝されてきた。これら以外でも机の脚、杖、床柱などにタケが使われるのは抗挫力（折る力に対する抵抗力）が優れているからで、竹釘が評価されているのも同様の理由からである。最近、竹釘が木造建築で使われるようになっているのは古材の廃棄に際して金釘が使われていると分別廃棄が必要になるが、竹釘ならその必要性がないことや、竹釘そのものが非常に丈夫だということが再認識されたからである。

化学面からの利用価値

　組織に含まれている化学成分を取りあげて見ると、稈の表面にはクロロフィルが含まれているため同化作用を行うことができ、また表皮内に含まれているベンゾキノンは抗菌作用を持っている。タケ林内をウオーキングするとセラピー（癒し）効果があるのは、これ以外にも音の分散

効果なども存在するからである。また、タケノコにはビタミンA、B₁、B₂、C、Kなどのほか食物繊維が多く、低カロリーであることもあって最近はダイエット食品として外国で多くの人が食べるようになったといわれている。これらのことは竹資源そのものが持っている間接・直接的な価値である。

組織の利用

これまでタケの組織として稈、葉、根などが漢方薬として利用されてきた。その事例のいくつかを取りあげてみると以下のようである。

稈：ハチクの稈を加熱すると伐り口から黄褐色の「竹瀝(ちくれき)」と呼ばれている液が流出してくる。これを集めて、てんかん、ぜんそく、ひきつけ、風邪の治療に用いてきた。同様に表皮を除いた材質部を削り取って煮出すことで得られる「竹茹(ちくじょ)」がある。これは利尿剤、解毒、頭痛止め、寒熱や止血に用いてきた。

葉：ハチクの葉を桂皮と混ぜて煎じて飲むことで風邪の治療や袪痰(きょたん)に効果があるとされ、クマザサの葉はビタミンやミネラルを含むので疲労回復、口臭防止用剤として市販されており、チュウゴクザサは茶葉のように煎じて健康茶として飲むことが行われてきた。その他、チマキザサは粽や笹団子、鱒寿司、笹飴の包装用とする他、抗菌性や通気性を応用して今も利用している。

皮：ハチクの皮は焼いて止血、腹痛止めに用いてきた。また、マダケの皮は紙のように薄く割れにくいことから、通気性と抗菌性を利用して鯖寿司、握り飯、羊羹、灰汁巻などの包装用として使っている。

炭化物の価値

竹炭の種類は炭化窯の種類、炭化温度、焼成方法（炭化窯）などによって木炭と同様に黒炭、白炭、活性炭などに分けることができる。黒炭は400～600℃の低温で焼き、自然冷却させるもので通電性は乏しい。しかし白炭は700～1,000℃で焼いた後に砂や灰をかけて冷却するもので、

通電性や遠赤外線効果がある。活性炭は前者以上の高温で焼いた後に賦活剤として石炭、コークス、石油、おがくずなどを混ぜて、さらに炭化するか水蒸気をかけて焼成して作るが、主に鉄などの精錬に使っている。ただ1,200℃以上で焼いたものは通電性が低下し、さらに高温で焼くとセラミック状となり絶縁体として使うことができる。タケの炭化には主にモウソウチクが使われているが、マダケと比較するとマダケのほうが歩留まりは悪いが良質の製品ができることが証明されている。

　竹炭は木炭と違って燃焼カロリーが木炭より高いにも拘らず燃料として利用することは殆どない。それはタケが持っているハニカム構造の微細孔隙面積が400㎡／gもあり、木炭の平均200〜300㎡／gより大きいことから、臭気の吸着性や湿気の調湿効果が大きいことに視点を置いてきたからである。また、利用面から見ても水質浄化や土壌改良剤といったレベルの用途には低温炭化した竹炭でもよいが、遠赤外線効果や空気の清浄化機能なども視野に入れるのであれば1,000℃前後の中温で炭化した炭が望ましい。

　最近では竹炭の利用に関する限り、かなり幅広く事例が示されているが、竹炭が持つ超微細孔隙を有効に使うには生鮮野菜や高級果実の保存のためにエチレンガスを吸着できる高温炭化炭が求められ、水のクラスター化、食用菌床、竹炭内部の無機物の溶出による効果などに活用することも行われている。さらに粉炭をキューブ状に固形化して微細構造面積を増すことで、品質の改善や利用効果の多様化を目標とした研究も行われている。なお、竹炭の特徴として細孔の半径は0.5〜50nm（ナノメートル、1nmは10億分の1m）で、カシ炭の112nmやヤシ殻活性炭の129nmと比較すると、いかに竹炭が小さい孔隙を持っているかが理解できる。

　炭化時の排煙冷却によって得られる竹酢液もまた、収集温度やタケの種類によって成分が異なってくる。とくに数多くの種類が含まれているポリフェノール類でこの傾向は強い。炭がアルカリ性であるのに対して竹酢液は酸性である。ここには酢酸が最も多く含まれていて、木酢液の

56％、蟻酸は3倍、フェノールは4倍、クレゾールは2倍程度含まれている。つまり強酸性で抗菌性が強く、黄色ブドウ球菌、サルモネラ菌、腸炎ビブリオ菌などを殺菌できることが明らかになっている。市販されている竹酢液そのものに関しては色合いが濃いから濃度が高いということはなく、精製を繰り返し行えば無色になり、放置しておけば重合して濃い色になるのである。竹酢液はこの他、入浴剤や化粧品にも使われているが、さらなる研究が待たれている。

バイオマス資源

バイオマスとはある時点で特定地域内に存在する生物体の総量のことをいう生物学用語で、重量またはエネルギー量で示している。しかし、今では生物体をエネルギー源や工業用原料として使用する際にもその生物体全体をバイオマスと呼ぶようになっている。

タケがバイオマスとして有利に活用できることの第1は、成長が極めて速いことである。その理由はタケノコの先端部にあるシュート頂と各節部にある成長帯の成長ホルモンが同時期に活動するからで、温帯性タケ類では50〜60日、熱帯性タケ類では90〜100日で稈長20m前後にまで到達することができるのである。第2は成長終了後1〜2年でも伐採して利用できることにある。木材では、いくら早期伐採するとしても利用できるには10年は要するという大きな違いがある。第3の理由としてタケは発生本数の総和によって単年度の生産量が決まることである。この点、樹木は1本の木の連年成長量の累積によって価値が決まることから蓄積量ともいわれている。こうした相違は、タケには表皮の内側にある維管束に形成層がないからである。第4はタケでは常に無性繁殖するために選択伐採する限り再植栽する必要はない。樹木類は殆どが有性繁殖するために伐採後は再造林する必要がある。

日本でのモウソウチク林の蓄積量（乾燥重量）は稈で55ｔ／ha、マダケで平均30ｔ／haと見なされる。国内全体でタケ林面積を拡大地と

第5部　タケが持つ価値像

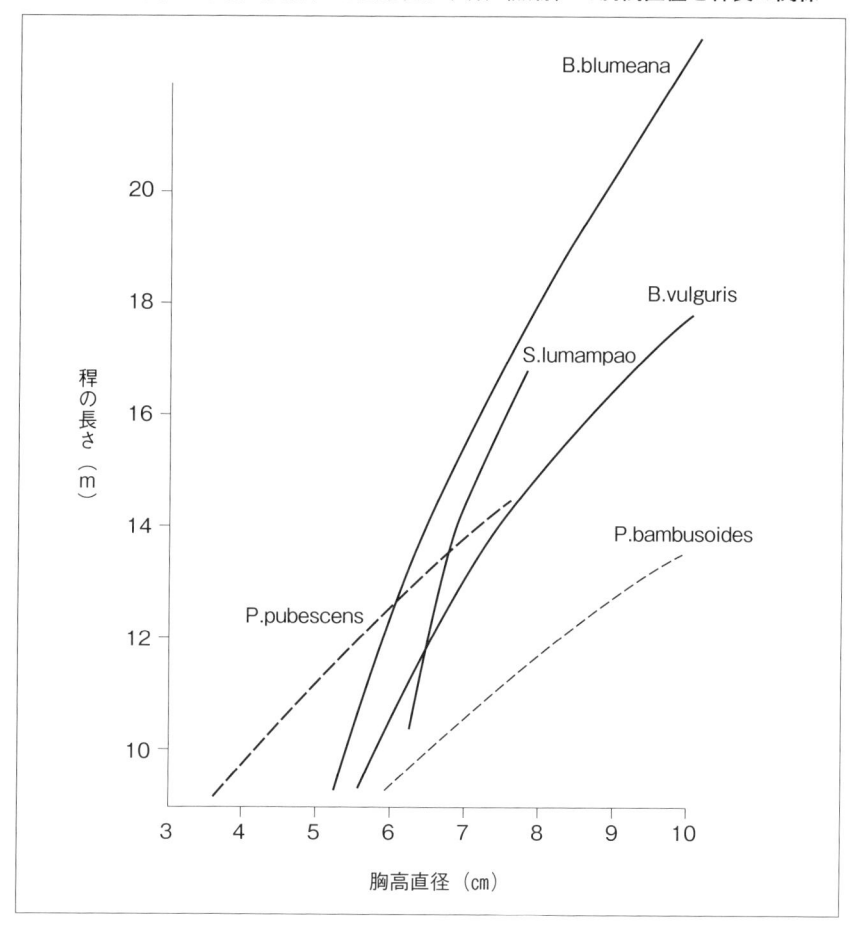

図6　熱帯性タケ類（実線）と温帯性タケ類（点線）の胸高直径と稈長の関係

管理地の合計では少なくとも15万〜17万ha（2010年）は存在すると見なされるので、乾燥重量での現存量は約184万tあると推定することができる。これらのタケを4年の輪伐（ローテーション）で伐採すれば平均46万t／年、5年のローテーションでは37万t／年となる。ただ、バイオマス利用ということになると、モウソウチクやマダケでは農林漁業資材、竹細工、タケノコ採取、その他に利用されるものが全体の30％

は見込まれることから、結局4年のローテーションでは32.2万ｔ／年、5年のローテーションでは36.8万ｔ／年程度しか利用できないことになる。この数値は1大企業が使うとしても十分かどうかという程度の量としか思えないのである。

　参考までに国連の報告では世界のタケ林面積は1,800万〜2,000万haと推定していて、稈の現存量は乾燥重量で20〜25ｔ／ha（報告書では80ｔ／haとしているが、天然林の多い熱帯性タケ林の中で形態の大きな種は思いのほか少なく、株密度も低いので、実際の1haあたりの年平均生産量はかなり少ないといえるはずである）と考えられるので現存量は3.6億〜4.5億ｔ程度は存在すると見なしている。

　一般にバイオマスとして利用するには、①同一種の生物資源の分布面積が広いこと、②蓄積量が多いこと、③利用目的とする成分または組織が多く含まれていること、④集団的に存在していることなどが必要である。その上、単位面積あたりの年生産量が多くなければ企業化することは困難である。そこで森林タイプ別の現存量と年生産量を比較してみると表5のようになる。こうして見ると日本で栽培しているタケ林の1年あたりのバイオマス生産量はかなり多いことがわかる。また、これらの生産量から地上部と地下部の重量比であるT／R比（Tree／Root ratio地上部と地下部の乾物重量比）を求めると、タケでは2.3〜2.8であるのに対して樹木では0.8〜1.0となり、地下部に対する地上部の生産効率が大きいことがわかる。また、モウソウチクとマダケの同化部分（葉）と非同化部分（葉以外）の比を求めるとモウソウチクが22.2であるのに対してマダケでは11.0となり、モウソウチク林が盛んに拡大する理由がここにあることもわかる。

　タケがバイオマスとして利用できる分野を考えてみると、その一つに炭化物としての利用がある。竹炭はもともと燃料として利用するよりも脱臭用、水質浄化用、空気清浄化用、土壌改良補助用、食品保存用、衛生用品など多くの製品に使われてきた。竹酢液でもアンモニア臭の吸着、温浴剤、害虫防除剤、化粧品としての利用が行われてきている。炭素繊

表5　森林型などの現存量と年生産量

森林型など	現存量（t/ha）	構成年齢	年生産量（t/ha）
モウソウチク栽培林	100〜150	5	20〜30
熱帯多雨林	400〜500	40	10〜13
温帯常緑広葉樹林	350〜370	30	12〜13
温帯落葉広葉樹林	300〜320	25	12〜13
草原	16〜40	2	8〜20
ステップ	1.2	1	1.2

維に関しては硬化プラスチックと複合加工することによって列車、自動車、飛行機などの内外装材に利用すると、車体の軽量化ができることから燃料消費量の20〜30％を節約できるなどとして近年は多くの部門で開発利用がなされつつある。

　また、木質系建築資材としての利用はフローリングに限らず、繊維板、集成板、セメント板など変化に富んだ資材が数多く作られており、熱伝導の効率的なことから木材以上のエコ商品として名乗りを上げている。さらにエタノール化は、実験段階も終わっているだけに実際上使える量が問題になっている。竹繊維にしても元来、針葉樹の少ない熱帯地域では広葉樹の繊維を利用して製紙産業が行われていたが、紙の強度が弱く、破れやすくて困っていた。そこでアジアに多いタケから繊維をとり、紙を作ったところ強度のある紙ができたことからインド、バングラデシュ、フィリピン、タイ、インドネシアなどで竹紙を作るようになっていった。ただ最近では原料不足に陥って広葉樹の繊維を混ぜたり、他国のタケを輸入するところが増えている。タケからの紙作りは中国が最初であっただけにアジアでは竹繊維の活用は盛んである。この他、竹繊維をレーヨン化することでクールビズ商品がいろいろでき、肌着からスーツまであらゆる衣料が数年前から作られ販売されるようになっている。製品は軽く、通気性があり、皺にならないなどの特徴があり、日本の夏物衣料としてだけでなく熱帯地域に普及させれば喜ばれるであろう。

タケの機能的な価値

身体的機能（癒し）

　このところ、森林内を歩くと健康に良い、とのことで多くの人が森林浴を行っている。それは緑色の葉をつけている植物が光合成を行うことで林内のCO_2を吸収し、酸素を放出して空気が清浄化され、樹種によっては芳香性物質（フィトンチッド）を放出しているために精神的に安定した気分が与えられるからだといわれている。この点においてはタケも同様で、単に歩行運動が体に良いだけでなく、光合成も葉が行うだけでなくて稈の表面にもクロロフィルが含まれているために、大気中のCO_2を十二分にタケが吸収することによって、より清浄化された林内の空気をわれわれは吸うことができる。

　その上、すでに述べたように稈の表面にはベンゾキノンによる防菌効果があることや、空洞を持った稈に音が当たると音が分散され、しかも吸音することで外部よりも林内がより静かになることが精神的に安定感を引き起こすという利点がある。タケ林は樹林と違って林内が明るく、一人で歩いていても見通しがよいことから安心感を受けることができるのも樹林とは違った癒し効果といえる。

　もとよりタケが神の依り代として数多くの神事や祭事に昔から登場してくるのも、タケを崇めるという精神的な畏敬の念が自ずから湧きあがるからに違いない。日本古来の伝統文化とされている茶道、華道、武道といった諸道の中においても数々の竹製品が道具として用いられている。これとてタケの神秘性がその中に秘められているという精神的な依

第5部　タケが持つ価値像

りどころを、その道具でさえ感じさせるだけの価値があるからだといえるのではないだろうか。

CDM（Clean Development Mechanism）

1994年3月に発効した気候変動に関する国際連合枠組み条約（別名、地球温暖化防止条約）では先進国に対して2000年までにCO_2を始めとし、メタン、亜酸化窒素など6種の温室効果ガスの排出量を1990年レベルに戻すことを求めたが、この条約は法的拘束力のない努力目標を掲げたに過ぎなかった。

その後、これに関して1997年に京都で開催されたCOP3では京都議定書として数値目標が定められ、同時にCDM（クリーン開発メカニズム）、国際排出量取引、共同実施の3措置が付加された。つまり排出削減義務のある先進国は目標達成できなかった分を義務化させられていない途上国の削減事業に投資して、そこから生じた削減枠を先進国が得て、削減枠を実行したと見なすものである。

ただ、国連は未だにタケのT／R比やC／F比（同化部分の量に対する非同化部分の量の比）が樹木よりも大きく、温帯性のタケですら熱帯の草本類並の同化能があり、それは温帯の常緑広葉樹の1.7倍にもなるという結果を得ているにも拘らず対象として認めていないのである。

このようにタケはCO_2吸収量は大きいが温帯では堆積層の分解が遅いので、そこからのCO_2発生量を減少させる工夫が必要であろう。

食品・飼料など

タケの表面が稈だとすれば、裏面はタケノコである。かつては消化が悪くて栄養価がないとさえいわれていたタケノコも、今日では植物繊維と低カロリーからなるダイエット食品だということが認識されて需要量は安定している。春先だけの旬のタケノコは生鮮食品として国産品に限

られているが、水煮や缶詰となるとその大部分は中国産で、日持ちが良いことと年間を通して市場にあることから中国産の安い水煮タケノコがよく売れていることは、その輸入量の多さからも明らかである。

　先端部の柔らかい部分には、タンパク質や脂肪分を始めとしてビタミン類や鉄分なども野菜と比較しても多く含まれている。木化初期の根元部分には、粗繊維や炭水化物が多く含まれているのは周知の通りである。秋季にタケノコが出るシホウチク、カンチクも捨てがたい味覚であるが、生産地として特定の場所があるわけでもないので、あまり知られていない。しかし、チシマザサは長野県や東北から北海道では常食のタケノコであり、コサンチクは熊本県、カンザンチクは鹿児島県の郷土料理になっている。

　すでに述べたが、竹瀝や竹茹はハチクから得られ、クマザサの葉から得られるエキスには血液の浄化、殺菌性、脱コレステロールの効果が保証された、れっきとした医薬品である。

　昔からミヤコザサの原野は家畜の放牧地となっており、豊富な栄養分のある飼料場となっているが、最近では竹粉が大形の家畜の飼料として利用されるようになっている。この他、竹酢液がアトピーや化粧品に加工されている他、竹炭も微粉炭にしたものが麺類やナッツ類のコーティング材料として利用されて商品価値を高めている。

緑化資材

　タケやササは緑化資材として昔から庭園の植栽に用いられ、広い庭園では大形のタケ類が導入されてきた。また狭い場所には坪庭や根締め用として小面積ながら小形のタケ類やササ類がその役割を果たしてきた。各種ササ類を刈り込んで広い庭や築山周辺をあたかも芝生で覆っているように見せる材料として使うことも行われている。そして究極の使い方として、盆景や盆栽に矮性のタケやササを人為的に作り上げて観賞するというものもある。これらは愛好家にとってはかけがえのない無限の価

値がそこには存在していると評価している。

公益的機能

　山村農家は低山帯や丘陵地と耕作地の境界ともいえる辺りに住居を建てており、坂道を少し登ると広葉樹を主とした雑木林があり、その中でも開墾しやすいところが整地されてクリ、カキ、ウメ、ミカン、その他の生活に密着した果樹類が植えられ、毎年実った果実は自家用に供していた。生活環境をよくするために、サクラ、モミジ、モモ、サツキなどの花木類がより家に近いところで観賞できるように配置して景観をよくするか、庭園が作られていた。そして家の裏側に相当する場所には農作業に使う材料となるタケの林が各戸とも平均0.3～0.5haほど栽培されていて、そこから竹材が伐られては農業資材や竹細工に使われ、また春先にはタケノコを掘っては食卓に並べていたのである。

　一方、住居の表側には野菜畑や水田が広がっているという農村の姿が関東以西における代表的な里山の原風景となっていた。しかし、1960年頃には評価価値の低い広葉樹を伐って経済性の高いスギ林やヒノキ林などに改植するという国策が進められたために植林活動が活発になっていったのである。こうした山地造林は現在に至ってみると奥山の植林地は行動が速かったために成長もよかったが、里山地帯は植林が遅かったこともあって未だに間伐されていないところも見られる有様である。しかしながら急傾斜地の多いわが国では山地に木が育っていなければ降雨災害が起こる確率が高いだけに、水資源や土壌などの保全という公益的機能を高く保つことのできる樹木の植栽が常識となっている。

土壌との関わり

　樹林が持つ公益的機能の第1は、根茎が傾斜地の崩壊を制御できるということである。竹林は、その機能が弱いという人がある。しかし、正直言って温帯性のタケは地中40cm余りの深さのところに地下茎が走行し

ていてネット状に交錯しているので、短いとはいえ地下茎と根茎が満遍なく平面状に土石粒を強く抱え込んでいる。地震の際にタケ林内に避難していると救われるという先人の教えや、線路脇のスギ林に囲まれたモウソウチク林の場所だけが豪雨に耐えて土壌の流亡を阻止したという事例が土讃線で起こったのは、このためである。ただ、タケ林の場合は地下茎や根茎が必ずしも立体的に存在しているわけではないので自ずから限界のあることを知っていなければならない。時間あたりの降水量が50㎜／時までならタケ林は確実に土壌に雨水を透過させうるので、浸透保全機能を確実に発揮することができる。

　また高速道路の法面にはクマザサ、ミヤコザサ、オカメザサといったササ類を植栽して崩落防止に資するとともに緑化に役立てることができるのである。樹林地といえども同齢、同一樹種の一斉造林地では根茎が単純な構造となることから、異齢の雑木林のほうがより保全機能を備えているといえる。

水との関わり

　水質については古くからタケ林が生育しているところには清浄な地下水が常に流れているといわれてきた。各地のビール工場や酒造会社があるところに清水とタケ林がセットになっているところも多く、タケ林が水を浄化する機能があることは確かである。ただタケ林内の落葉がどれだけフィルターの役割を果たしているのかは定かでない。渓流では源泉を出てから通ってくる距離やその間の植生が関係するだけに、タケが大きな役割を果たしているとすればタケの葉が持っている特別な成分が関わると思えるので専門家の解析が必要である。しかし保水や水資源の涵養となると植物は根の働きや吸水のために地下水の貯留や流出の時間差をもたらす機能は確実に持っているといえる。

　一昔前のことになるが、多くの河川の堤防が自然状態であった頃は、上流での降水が中流域に至る間に徐々に集水されて下流では洪水や氾濫を起こすことが各地で見られた。往々にして水流の調整ができないため

に橋が流され、土手がつぶれることがあった。そこで吉野川、木津川、安曇川(あど)、長良川、その他の河川敷に水害防備林と称してマダケが植えられたことがある。

　元来マダケは透水性の良い砂質土壌や堆積土を適地としたからであった。大水が出た時に水が次々と稈に当たって流れを減速させて氾濫を防いだといわれている。そうしたマダケ林が今も残っていて繁茂しているのを見ると、大水の時には稈が流れに沿って倒れているが流速が元に戻ると傾いていたタケも元通り立ち上がるという復元力の強さも証明されている。

風との関わり

　防風林といえば海岸のクロマツの他、ウバメガシ、トベラ、スギ、ヒノキ、シイ、カシなどの常緑樹が一般に用いられる。タケもまた九州ではホウライチク、リュウキュウチク、カンザンチクが用いられ、モウソウチクやマダケなどは石川県や富山県で利用されている。富山県の西部にある砺波市(となみ)ではカイニョと呼ばれている季節風除けの屋敷林があり、タケ林は農業資材やタケノコを食するという一石二鳥の効果だけでなく、家の周囲にあることで乾燥が保たれるという利点もあるといわれている。

景観との関わり

　造園の資材として使われ、また植え込みにすることで景観作りに大いに寄与している。これに併せて、すでに述べた緑化資材としても環境に役立っている。京都の嵯峨野路に多くの観光客が訪れ、とくに外国人にとっては清楚な日本美が印象に残るというのもその代表例であろう。

里山のタケが果たす役割

時代に応じた商品開発

　タケ製品がどこにでも見られるという利用の全盛期時代は1965年頃までで、この時期を境として年ごとに竹製品の代替品としてプラスチック製品が多くなり、それとともに竹産業界が次第に低迷していく様子が窺えるようになった。素材の消費量が低下してくるとタケ林の小面積所有者は栽培管理作業に意欲をなくしてしまうことになった。このことは竹製品の生産者が減り、それに追随するかのように生産林の面積が毎年減少していることから事実として認めないわけにはいかない。ただ皮肉なことに、当時は農産物の生産調整が導入され、里山周辺の農地が休耕田や放棄地に指定されたということもあって、管理されないタケ林が周辺の非管理農地や若齢林地に侵出していき、ぶざまなタケの不手入れ地や拡大地が各地で見られるようになり、ひんしゅくを買うことも起こる結果を生んで、その余波が今日に至っても続いているのである。

　ただ思うのは古くから使われてきた竹製品類は、もはや現代の若者たちには受け入れられないような古典的な産物になったのであろうか。日本の伝統文化の保全地域のような純日本風な雰囲気を備えたところでは、多くの竹製品が違和感なく受け入れられて、それなりの日本文化の雰囲気を享受できることは確かである。なぜならそこにある全てのものが手作りででき上がったものだけに一つとして同じものではなく、それぞれのどこかに違った良さが隠されているからである。言うならば、そのような品物は一品一点主義であり、並べられたものがたとえ同一のも

ののように見えたとしても必ず手にとって見て、どこに静的な「みやび」や「さび」が存在しているかを見定める必要がある。

　手工芸品ともなると、一作品の完成により多くの時間がかけられ、そこには作者の魂が込められているだけに、一つの物をいつまでも大切に持っていることで楽しみながら観賞できるという精神的な安堵感が得られるのである。

　この点、工業化された製品は開発に専門家のアイデアや感性が込められ、新しい科学的な技術が投入されているとはいえ、製品として完成するまでには少なくとも1カ所や2カ所は機械化された工程を通るだけに、同一製品を大量でも既定の日時内に完成させることができるという利点がある。どちらかといえば、こうして生産された商品は動的で、きっと現代の若い世代の人たちに受け入れられやすいものだということができるのではないだろうか。

　その典型的な例が、同じ目的を持ちながら数年後には常に新しいものに取り換えていくという消耗品的製品に喜びと期待を持っているからではないだろうか。その例は身の回りにある携帯電話、カメラ、時計、電化製品、自動車などのように、限りなく常に新しいモデルが発売されるたびに飛びついてくれる消費者が多いことからもわかるのである。アパレル産業でも同様で、ファッション性のある新しいものを店頭に並べて消費者の心理をかき立てて購買力を起こさせるのである。それゆえに倉庫から持ちだされてきたものであれば傷でもない限りパックされたままでも信用して持ち帰るのである。

　このような現世代や次世代の人々の生活態様は今後とも続くと考えられるだけに、竹産業の活性化を図ろうとするならば時代にあったニーズの高い商品開発がなされなければならないと言えよう。最近の竹製品の工業化を見ていると素材の特性を取り出して利用されているものが多く、竹炭や竹酢液は木炭や木酢液と同じ手法で得られるとしても、そこに内蔵された成分の違いによる特性と利用目的が異なるところが強みである。繊維にしても竹特有の性質があることが熱帯域での製紙産業に役

立ち、また衣類で認められて利用されるようになったといえる。炭素繊維でも然りである。道具類や民具として、また数寄屋建築の内装材や外周の景観作りに欠かすことのできない日本文化に関わる利用となると手工芸品とともに生産量は少なくなるとしても、なくなることはないので、素材生産の場は里山地帯に残しておかなければならないのである。

皮肉なことに国内ではこうしたタケそのものが軽視される状態に置かれているが、海外では意外と竹に関する関心が深く、多くの国で植林しようという機運が増していて、栽培や利用に関する技術的な問い合わせが思いのほか多く寄せられるようになっている。

特用林産物の生産地

林業では山地帯に生育している樹木の中から木材として利用できる樹種を選び出して製材を行い、主に建築材や家具材として利用してきた。それらの中でもスギやヒノキなどは天然林から得られたものはもとよりのこと人工林からも立派な木材が採材されていた。木材以外の果実、樹皮、樹脂などの林産物を収穫するのが目的であったヤマモモ、クルミ、クリ、ホオノキ、ツバキ、キリ、ハゼ、サンショウ、ミツマタなどの樹木類やタケなどは生活必需品として育成されてきた。それらは採取や栽培に手がかかることから多くの樹種は里山で栽培されていて、一般に特用樹と呼んできた。こうした林産物は生育が環境に左右されることから適地が選ばれて、そこで産地形成が行われてきたのである。したがって需要の増減によって生産量が調整できないといった悩みも生じる場合があると思われるが、今後も継続して維持されていくことが考えられる。

タケ林に関する限り毎年タケノコを発生し、稈に育っていくだけに、本数管理や保育管理を怠らないことが必要である。なぜなら素材を求められた際に必要とされる形質のものを、いつでも必要量提供できる態勢を作っておかなければならないのである。先に述べたように竹材を工業化の原材料として取り扱う際は、かなりの量が求められるからである。

特用樹はかつての田園風景を彷彿とさせるだけに景観形成にも役立つと思われる。

里山の活用

　里山における縦断面を取ってみると、平地から山稜に向かって次第に傾斜度が強くなるのが日本の地形である。今でこそ少子化対策が叫ばれているが、日本列島は昔から花綵(かさい)の島々と呼ばれてきたように、少なくとも作物の栽培ができる場所さえあれば、かなりの奥地でも人が住める国であった。生活するには不便だと思える場所でも人を見掛けることができた。きっとそんな奥地にも人工林を見ることができるのは、それらの人の努力によるところが大きいのである。その点では今でこそ少々奥地にも広がっている不手入れの拡大竹林を見ることができる。

　ただ、タケはあくまで低山帯の丘陵地もしくは緩傾斜地に生育する植物であり、経営林として育成するには低地帯が適している。急傾斜地に生育してきたタケは土地のエンリッチメント（肥沃化）を図るためと公益的価値を高めるために数年おきに枯損木を伐採してそのまま放置して自然に腐植させるようにする。タケの密度が低ければ皆伐するのもよい。放置・拡大林の取り扱いの項でも述べたように、傾斜度20度以下の中程度の傾斜地では手のかからないところは伐採して搬出することもできるが、むしろ景観林や環境林として見通しの良い林分を作り適宜ウオーキングのできる道を作っておけばセラピー（癒し）効果を受けることもできるであろう。

　このように稈材を利用するには時代の流れに応じた地域性のある製品を作り、それをブランド化することである。ご当地のキャラクターを竹で作るのもよいであろう。ささやかな活動であってもタケ林に光を当てることが大切である。

エピローグ　タケの価値評価

タケ林でのハプニング

　タケ林内をウオーキングしていると、「あたり一面の静寂さに加えて清浄な空気がわが身を包んでくれ、何となく爽快な気分にさせられる」という意味のことをプロローグで述べたが、その気分に十分浸ることができるのは1年のうち僅か半年ほどしかなく、四季を通して良い気分を味わうことができないのが残念である。
　それと言うのも、新緑の時期が終わりを告げて梅雨明けともなると、それまでどこに隠れていたのかと思うほどの蚊が日ごとに増えて林内を隈なく飛び回るからである。とくに初夏から初秋までの期間は一旦林内に入り込もうものなら、それまで葉の裏に隠れるように休んでいた蚊までが人の気配を察して一斉に飛び立ち、ところかまわず蚊の集中攻撃を受ける羽目になるのである。
　そんな時、僅かな風でも吹けばまだしも、風がなければ蚊は自ら退散することなく、むしろ人に向かって集まってくるのである。一般に温帯から亜寒帯へと高緯度地方に向かうにつれて何となく陰湿で、執拗につきまとう蚊が多くなるような気がしてならない。そんな思いを朝夕は涼しい極東ロシアの森や北欧の森で経験したことがある。
　たとえば、温帯地域の森林やタケ林の中に生息しているヒトスジシマカやアカイエカが人を刺したとしても、痒みさえ我慢すれば大した危害を被ることはない。
　それに比べると熱帯地域のタケ林では意外と日中における蚊の飛翔は

少なく、しばらく立ち止まっていても日本のように群がってきて、ところかまわず刺すということはない。その理由は、どうやら晴れた日中は暑いために葉の裏側で休息していて、気温が下がる夕方や曇天の日には飛翔する数が多くなるからであろう。

　こうした傾向は日本の夏でも多少は見られ、昼間の暑さそのものがいくらか蚊の行動を怠慢にさせているからである。幸い温帯地方では、上述したように、たとえ蚊に刺されたとしても暫くの間だけ痒さを我慢すれば、不愉快な思いは自然と消えてしまうのであるが、熱帯地方では痒みよりもむしろマラリヤ原虫を持ったハマダラカやデング熱をもたらすネッタイシマカに刺されたのではないかという不安のほうが暫くつきまとうのである。しかし、住民の少ない山地でこうした蚊に刺されたとしても現実にはマラリヤにかかる確率は低く、むしろ都会や河川敷近くの集落内などで夕方に立ち話をしていたり、幾分暗い屋内で刺されて罹病することのほうが多いのである。

　なぜならマラリヤに感染した保菌者が多く住み、また、原虫を持ったハマダラカ（熱帯マラリヤカともいう）が多く飛び回っているからである。わが身の体験から言えば、これまでハマダラカが生息している汚染地帯をかなり旅行したが、罹病したのはただの一度だけで、それもマラリヤの保菌者率八十数％といわれているマリ共和国の首都バマコの一流ホテル内で実体験するという憂き目に遭ったことがある。

　滞在中に私が現場で泊まっていた山小屋は、採光窓はあったものの網戸も木製の扉もない無防備な建物であった。しかも隣り合った場所には十数戸の小さな集落があり、洗濯や生活用水に利用されていた小川もあって一日中子供や女性たちの声が絶え間なく聞こえてくるといった環境下にあった。そんな山村地域で10日余り調査していただけに何回蚊に刺されたか知れないほどであったが、幸いにして何の問題もなかった。

　その後、首都に帰ってきて一流といわれていたホテルで1泊した時は念のために蚊帳を吊り、殺虫剤を撒いて寝たにも拘らず一晩の内に刺されるという被害に遭ったのである。まさにその一刺しされた直後に飛び

去る蚊を目撃したのである。翌日から数えて5日目には日本に帰国していたが、発症後の4日間は水も食事も全く喉を通らず、完全にグロッキーになり、まさに死線をさ迷う経験をしたのである。

最近は熱帯地域のリゾート地に気楽な格好で出かける旅行者が多くなっているが、当人も旅行業者も罹病対策については気にしていないようで、注意すらする気配もない。しかし、森林地帯に行かなくても汚染地域の滞在ではマラリヤカに刺される危険性が高いことを忘れてはならないのである。

地域適応種と栽培法の違い

さて、余談が長くなってしまったが、本書を通読していただき、タケに対する新たな知識を持っていただけたであろうか。タケは昔から日本人の生活の中で活用され、ある時は生活と密着して利用されてきたことが、いつの間にか日本固有の文化を創造し、伝統的なものとなって現代まで受け継がれてきた。農山村地帯に住む人たちにとっては、タケそのものが身近な場所で栽培するに値する植物として高く価値評価されてきただけに、ややもすると実践的な利用が先行して科学的な根拠に基づいた解析が残されたまま、最近まで見過ごされてきたことが多かったように思われてならない。

本書で海外のタケに関して比較的多くの紙面を割いたのは、最近になって国内外でタケのバイオマス利用に対する関心が高まり、情報や資料がより多く求められるようになってきたことと、同時に日本人が海外に進出してタケの栽培を行い、資材生産を行おうとする機運が高まってきているだけに、少しの知識を持ち合せていなかったために失敗するようなことがあれば、それは当事者だけでなく関係者にとっても大きな痛手となるからである。

モウソウチクやマダケを栽培した経験があるとして、日本の技術者が海外に出かけて行って同様の手法を熱帯のタケに適応させても、成功し

エピローグ　タケの価値評価

本数密度の高いウサンチクの管理林（10月）　　モウソウチクの整備林（10月）

得ないのである。それは地域と適応種の栽培法に明らかな相違があるからで、温帯性タケ類と熱帯性タケ類との違いを前もって理解していなければ対処できないのである。そうしたこともあって、持ち合わせている経験と情報をここに取りまとめてみた次第である。手持ちのノウハウを丁寧に書こうと思っていたものの、実際には紙面の都合もあってダイジェストにせざるをえなかったことは心苦しいことであった。

　これまで海外で刊行されているタケに関する図書類は、専門的なものを除けば殆どないに等しいため、基礎的な事項についても改めて記載させていただいた。そのことではタケに関する植物誌としての情報が短絡的になってしまった部分も見られるが、一通りのことは書くことができたのではないかと思っている次第である。

付表1　タケ・ササ類の

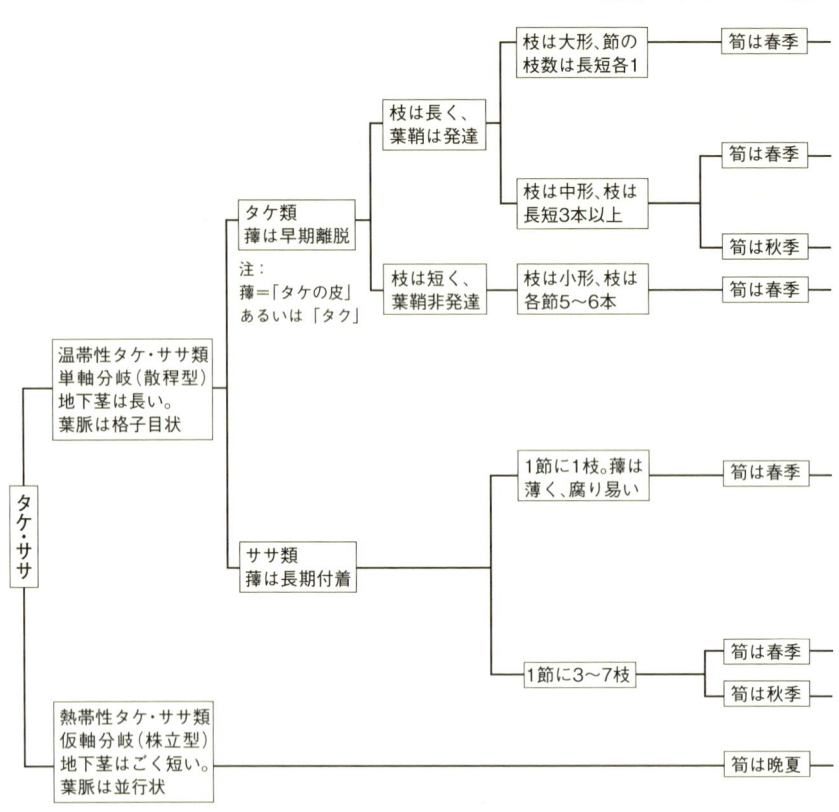

```
タケ・ササ ┬─ 温帯性タケ・ササ類          ┬─ タケ類          ┬─ 枝は長く、      ┬─ 枝は大形、節の   ── 筍は春季
          │   単軸分岐（散稈型）           │   籜は早期離脱    │   葉鞘は発達      │   枝数は長短各1
          │   地下茎は長い。               │   注：            │                   │
          │   葉脈は格子目状               │   籜＝「タケの皮」│                   ├─ 枝は中形、枝は   ┬─ 筍は春季
          │                                │   あるいは「タク」│                   │   長短3本以上      └─ 筍は秋季
          │                                │                   │                   │
          │                                │                   └─ 枝は短く、      ── 枝は小形、枝は   ── 筍は春季
          │                                │                       葉鞘非発達          各節5〜6本
          │                                │
          │                                └─ ササ類          ┬─ 1節に1枝。籜は   ── 筍は春季
          │                                    籜は長期付着    │   薄く、腐り易い
          │                                                    │
          │                                                    └─ 1節に3〜7枝    ┬─ 筍は春季
          │                                                                        └─ 筍は秋季
          │
          └─ 熱帯性タケ・ササ類                                                   ── 筍は晩夏
              仮軸分岐（株立型）
              地下茎はごく短い。
              葉脈は並行状
```

*1　ササ属

- チシマザサ節　　稈：地表部で湾曲または斜上し、稈長は2m前後で、直径0.7〜1cmになり、上方部で枝分かれする。籜：節間長の2/3。節：普通。
- ナンブスズ節　　稈：稈長1〜2m。籜：節間長と同じかやや短い。節：隆起は少ない。葉：長楕円状披針形で厚い。
- アマギザサ節　　稈：地表で斜上し、1〜2mの稈長になる。籜：短く、節間の1/2以下。節：著しく膨出して球状。葉：長楕円状披針形で紙質。
- チマキザサ節　　稈：長さ1.5m以上。下方部でまばらに分枝。節：隆起し、節間は長い。
- ミヤコザサ節　　稈：長さ1m以下。稀に基部で分枝。節：膨出し球状。1年で枯死し、再生する。

付表

簡易検索表

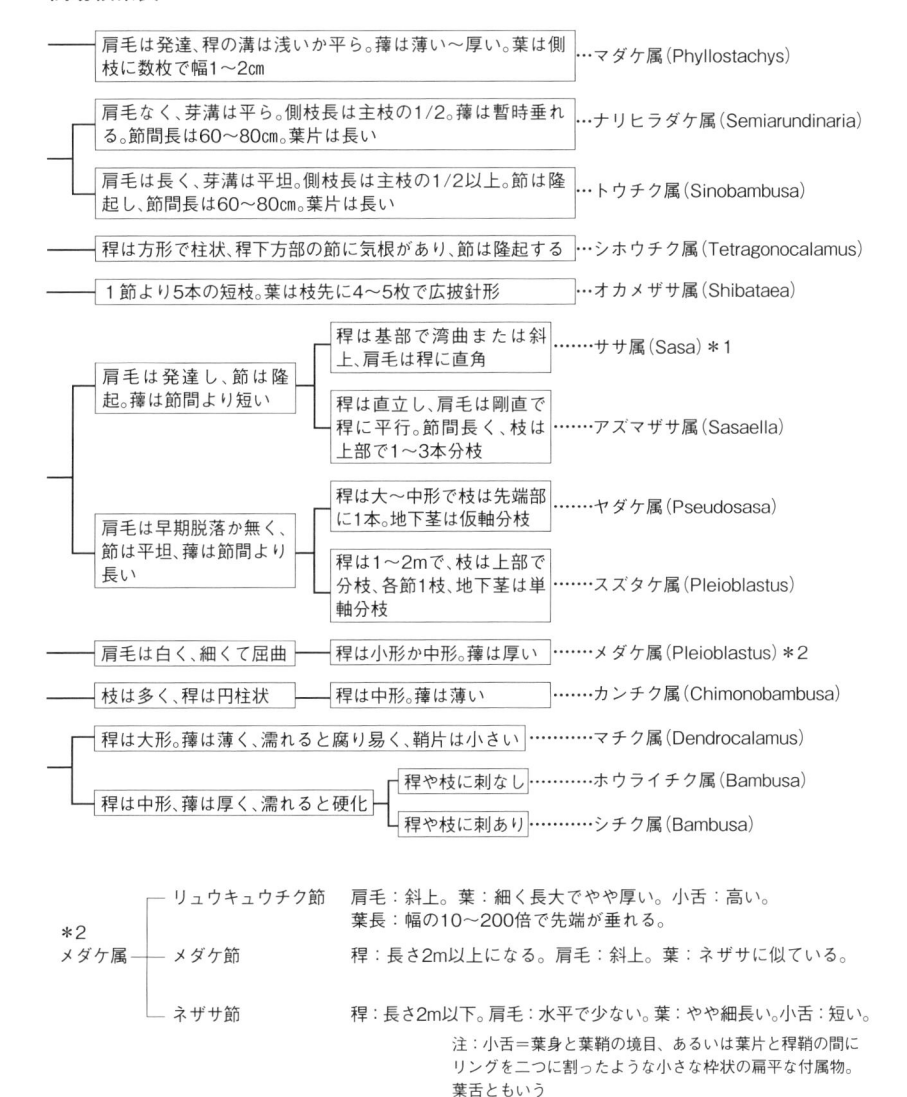

- 肩毛は発達、稈の溝は浅いか平ら。籜は薄い〜厚い。葉は側枝に数枚で幅1〜2cm …マダケ属（Phyllostachys）
- 肩毛なく、芽溝は平ら。側枝長は主枝の1/2。籜は暫時垂れる。節間長は60〜80cm。葉片は長い …ナリヒラダケ属（Semiarundinaria）
- 肩毛は長く、芽溝は平坦。側枝長は主枝の1/2以上。節は隆起し、節間長は60〜80cm。葉片は長い …トウチク属（Sinobambusa）
- 稈は方形で柱状、稈下方部の節に気根があり、節は隆起する …シホウチク属（Tetragonocalamus）
- 1節より5本の短枝。葉は枝先に4〜5枚で広披針形 …オカメザサ属（Shibataea）
- 肩毛は発達し、節は隆起。籜は節間より短い
  - 稈は基部で湾曲または斜上、肩毛は稈に直角 …ササ属（Sasa）*1
  - 稈は直立し、肩毛は剛直で稈に平行。節間長く、枝は上部で1〜3本分枝 …アズマザサ属（Sasaella）
- 肩毛は早期脱落か無く、節は平坦、籜は節間より長い
  - 稈は大〜中形で枝は先端部に1本。地下茎は仮軸分枝 …ヤダケ属（Pseudosasa）
  - 稈は1〜2mで、枝は上部で分枝、各節1枝、地下茎は単軸分枝 …スズタケ属（Pleioblastus）
- 肩毛は白く、細くて屈曲
  - 稈は小形か中形。籜は厚い …メダケ属（Pleioblastus）*2
- 枝は多く、稈は円柱状
  - 稈は中形。籜は薄い …カンチク属（Chimonobambusa）
- 稈は大形。籜は薄く、濡れると腐り易く、鞘片は小さい …マチク属（Dendrocalamus）
- 稈は中形、籜は厚く、濡れると硬化
  - 稈や枝に刺なし …ホウライチク属（Bambusa）
  - 稈や枝に刺あり …シチク属（Bambusa）

*2 メダケ属
- リュウキュウチク節　肩毛：斜上。葉：細く長大でやや厚い。小舌：高い。葉長：幅の10〜200倍で先端が垂れる。
- メダケ節　稈：長さ2m以上になる。肩毛：斜上。葉：ネザサに似ている。
- ネザサ節　稈：長さ2m以下。肩毛：水平で少ない。葉：やや細長い。小舌：短い。

注：小舌＝葉身と葉鞘の境目、あるいは葉片と稈鞘の間にリングを二つに割ったような小さな枠状の扁平な付属物。葉舌ともいう

付表2　東南アジア各国における

学 名	染色体数 (2n)	インドネシア	カンボジア	ラオス
Bambusa bambos (L.) Voss (B. arundinacea Willd, B. spincsa Roxb)	72	pambu duri	ressei khlei	phaix paa：x
B. blumemana J. A. & J. H. Shultes (B. spinosa Blume ex Nees)	72	bambu duri	russek roliek	phaix bainz
B. multiplex (C Lour.) Raeusschel ex J. A. &J, H. Schultes (,B. nana Roxb., B. glaucescens S.M.)	72	bambu china, buluh pagar	—	—
B. polymorpha Munro	72	—	—	—
B. tulda Roxb (Dendrocalamus tulda (Roxb.) Voiget)	72	—	—	bōng
B. vulgaris Schrander ex Wendland (Leleba vulgaris (Schrander ex Wendland) Nakai ample (green culm)	72	bambu kuning (yellow culm) ,bamboo	russei kaew buloh kuning,	saing kh'am'
Cephalostachyum perigracile Munro (Schizostachyum pengracile (Munro) Majumdar)	72	—	—	khauz hla:m
Dendrocalamus asper (Schultes f.) Backer ex Henn) (B. aspera s. f., Gigantocloa aspers.f, D. merrillianus (Elmer) Elmer)	72	bambu betung, buluh bataung（バタック）	—	—
D. brandisii (Munro) Kurz (B. brandisii Munro)	72	—	—	hok
D. gigantius Wallich ex Munro (B. gigantea Wallich)	72	bambu sembilang	russey prey	po'
D. latiflorus Munro (B. latiflora (Munro) Kuruz (Sinocalamus lattiorus (Munro) Mc Clure)	72	bambu Taiwan	—	—
D. stfrictus (Roxb.) Nees (B. stricta Roxb）	72	—	—	s'a:ng
Gigantochloa apus (J.A. & J. H. Schultes) Kurz. (,B. apus J.A. & J. H. Schultes)	72	bambu tali, pring tali, pring apus	—	—
G. levis (Blanco) 'Merrili (B, levis Blanco)	—	buluh suluk （カリマンタン）	—	—
G. scribneriana Merrili,D. curranii Gamble)		buluh tup（ダヤク）		
G. scortechinii Gamble	—	buluh kapal	—	—
Melocanna baccifera (Roxb) Kurz. (B. baccifera Roxb., M. hambusoides Trin)	72	—	—	—
Schizostachyum brachycladun Kurz	—	buluh lengang buluh tolang（北スマトラ）	—	—
S. lina (Blanco) Merrill (B. lima Blanco)	—	buluh toi（モロッカ）	—	—
S. lumampao (Blanco) Merill (B. lumampao Blanco)	—	—	—	—
S.zollingeri Steudel (S. chilianthum Kurz sensu Gamble r.p.)	—	bambu lampar（東ジャワ） buluh telor, buluh nipis （スマトラ）	—	—
Thrsostachys siamensis Gamble (T. Regia (Munro) Bennet)	—	bambu jipang, bambu	—	—

付表

主要なタケ種の地方名

マレーシア	ミャンマー	フィリピン	タイ	ベトナム	その他
—	kya-kat-wa	Indian bamboo	phai-pa（phainam）	tre l[af]ng[af]（tre qai r[uw]ng）	
buloh duri, buloh sikai	—	kawayan tinik	phai-sisuk	tre gai	
buloh cina, buloh pagar	pa-lau-pinan-wa	kawayan tsina	phai-li-ang	cay hop	
—	kyathaung-wa	—	phai-hon	—	
—	thaiku-wa,	spineless Indian	phai-bongdam,	tre xi[ee]m	
buloh minyak, bulong tamelang（サバ）	deo-bans wanet	bamboo kawayan killing, tre m[owx]	phai-hangchang phai-luang	phai-bongkham,	
—	tin-wa	—	phai-k（h）aolam, -kaolarm, mai-pang	—	
buloh beting, buloh betong, buloh panching	—	bukawe（タガログ）、botong（ビコール）、butong（ビサヤ）	phai-tong	mank tong	
—	kya-lo-wa, wabo	—	phai-bongyai	—	
buloh betong bambu sembiking	wabo, ban	—	phai-po, phai-pok	m[ai]nh to	
—	wa-ni	betong	phai-zangkum	m[ai]nh t[oo]ng hoa to, tre ta[uf]	
buloh batu	myr-wa	—	phai-sang	t[aaf']mv[oo]ng	
poring, pering（サバ）	—	bolo	—	—	
paring（サバ）					
buloh semantan, buloh telor	—	—	—	—	
—	kayin-wa, tabin-wa	—	—	—	インド：tairai, watri, wati, バングラ：muli
buloh lemang, buloh silau（サバ）, buloh	kawayan buho	buho, kriap	phai-por	—	
sumbiling（サバ）	—	anos, bagakai（ビサヤ）	—	— ·	
—	—	buho, lumampao, bagakan（ビサヤ）	—	—	
buluh nipis, buloh dinding	—	—	phai-mianfgal	—	
—	tiyo-wa, kayaung-wa	Thailand bamboo	phai-ruak	—	イギリス：umbrella handle bamboo

241

●主な参考文献

『タケ科の大別と有用竹類』室井 綽 著(富士竹類植物園報告5 1960)
『竹・笹の話―よみもの植物記―』室井 綽 著(北隆館 1969)
『竹と笹入門』鈴木貞夫 著(池田書店 1971)
『日本タケ科植物総目録』鈴木貞夫 著(学習研究社 1978)
『竹の博物誌―日本人と竹―』吉川勝好 共著(朝日新聞社 1985)
『The bamboos of the world』V.D.Ohrnberger ほか(IDB, India 1987)
『タケ・ササ』室井 綽・岡村はた 著(家の光協会 1977)
『原色日本園芸竹笹総図説』岡村はた 編著(はあと出版 1991)
『Bamboos』C.Recht 共著(Timber press 1992)
『園芸植物大図鑑 1、2』塚本洋太郎 総監修(小学館 1994)
『竹―暮らしに生きる竹文化』内村悦三 共著(淡交社 1995)
『Bamboo rediscovered』V.Cusack 著(Earthgardenbooks 1997)
『Bamboos』Y.Crouzet 著(Evergreen 1998)
『竹の魅力と活用』内村悦三 編著(創森社 2004)
『竹・笹のある庭〜観賞と植栽〜』柴田昌三 著(創森社 2006)
『タケ・ササ図鑑〜種類・特徴・用途〜』内村悦三 著(創森社 2005)
『育てて楽しむタケ・ササ』内村悦三 著(創森社 2008)
『現代に生かす竹資源』内村悦三 監修(創森社 2009)

オウゴンホテイ(10月)

デザイン―――寺田有恒、ビレッジ・ハウス
写真―――内村悦三、三宅 岳、熊谷 正、山本達雄
校正―――吉田 仁

著者プロフィール

●内村悦三(うちむら えつぞう)

1932年、京都市生まれ。京都大学農学部林学科(造林学専攻)卒業。農学博士。農林省林業試験場(現在の独立行政法人 森林総合研究所)、国立フィリピン林産研究所客員研究員、在コスタリカ・国際研究機関・熱帯農業研究教育センター(CATIE)研究教授、大阪市立大学理学部教授、および附属植物園園長、日本林業技術協会技術指導役、日本林業同友会専務理事、富山県中央植物園園長などを歴任。

現在、竹資源活用フォーラム会長、富山県中央植物園顧問、日本竹協会副会長、竹文化振興協会常任理事、地球環境100人委員会委員などを務める。

竹に関する主な著書に『竹への招待』(研成社)、『竹の魅力と活用』(編・分担執筆、創森社)、『森林・林業百科事典』(分担執筆、丸善)、『現代に生かす竹資源』(監修・分担執筆、創森社)、『タケの絵本』(編・分担執筆、農文協)、『タケ・ササ図鑑～種類・特徴・用途～』『育てて楽しむタケ・ササ～手入れのコツ～』(ともに創森社)など

竹資源の植物誌 (たけしげんしょくぶつし)　　2012年6月11日　第1刷発行

著　　者──内村悦三(うちむらえつぞう)
発 行 者──相場博也
発 行 所──株式会社 創森社
　　　　　〒162-0805 東京都新宿区矢来町96-4
　　　　　TEL 03-5228-2270　FAX 03-5228-2410
　　　　　http://www.soshinsha-pub.com
　　　　　振替00160-7-770406
組　　版──有限会社 天龍社
印刷製本──中央精版印刷株式会社

落丁・乱丁本はおとりかえします。定価は表紙カバーに表示してあります。
本書の一部あるいは全部を無断で複写、複製することは、法律で定められた場合を除き、著作権および出版社の権利の侵害となります。
©Etsuzo Uchimura 2012　Printed in Japan　ISBN978-4-88340-271-7 C0061

〝食・農・環境・社会〟の本

創森社 〒162-0805 東京都新宿区矢来町96-4
TEL 03-5228-2270　FAX 03-5228-2410
http://www.soshinsha-pub.com
＊定価(本体価格＋税)は変わる場合があります

バイオ燃料と食・農・環境
加藤信夫 著
A5判256頁2625円

田んぼの営みと恵み
稲垣栄洋 著
A5判140頁1470円

石窯づくり 早わかり
須藤章 著
A5判108頁1470円

ブドウの根域制限栽培
今井俊治 著
B5判80頁2520円

飼料用米の栽培・利用
小沢亙・吉田宣夫 編
A5判136頁1890円

農に人あり志あり
岸康彦 編
A5判344頁2310円

現代に生かす竹資源
内村悦三 監修
A5判220頁2100円

人間復権の食・農・協同
河野直践 著
A5判304頁1890円

反冤罪
鎌田慧 著
四六判280頁1680円

薪暮らしの愉しみ
深澤光 著
四六判228頁2310円

農と自然の復興
宇根豊 著
四六判304頁1680円

田んぼの生きもの誌
稲垣栄洋 著　楢喜八 絵
A5判236頁1680円

はじめよう！自然農業
趙漢珪 監修　姫野祐子 編
A5判268頁1890円

農の技術を拓く
西尾敏彦 著
四六判288頁1680円

東京シルエット
成田一徹 著
四六判264頁1680円

玉子と土といのちと
菅野芳秀 著
四六判220頁1575円

生きもの豊かな自然耕
岩澤信夫 著
四六判212頁1575円

里山復権 能登からの発信
中村浩二・嘉田良平 編
A5判228頁1890円

自然農の野菜づくり
川口由一 監修　高橋浩昭 著
A5判236頁2000円

農産物直売所が農業・農村を救う
田中満 編
A5判152頁1680円

菜の花エコ事典～ナタネの育て方・生かし方～
藤井絢子 編著
A5判120頁1470円

ブルーベリーの観察と育て方
玉田孝人・福田俊 著
A5判120頁1470円

パーマカルチャー～自給自立の農的暮らしに～
パーマカルチャー・センター・ジャパン 編
B5変型判280頁2730円

巣箱づくりから自然保護へ
飯田知彦 著
A5判276頁1890円

東京スケッチブック
小泉信一 著
四六判272頁1575円

農産物直売所の繁盛指南
駒谷行雄 著
A5判208頁1890円

病と闘うジュース
境野米子 著
A5判88頁1260円

農家レストランの繁盛指南
高桑隆 著
A5判200頁1890円

チェルノブイリの菜の花畑から
河田昌東・藤井絢子 編著
四六判272頁1680円

ミミズのはたらき
中村好男 編著
A5判144頁1680円

里山創生～神奈川・横浜の挑戦～
佐土原聡 他著
A5判260頁2000円

移動できて使いやすい薪窯づくり指南
深澤光 編著
A5判148頁1575円

固定種野菜の種と育て方
野口勲・関野幸生 著
A5判220頁1890円

「食」から見直す日本
佐々木輝雄 著
A4判104頁1500円

まだ知らされていない壊国TPP
日本農業新聞取材班 著
A5判224頁1470円

原発廃止で世代責任を果たす
篠原孝 著
四六判320頁1680円